Andreas Lambrecht

True-Time-Delay Beamforming für ultrabreitbandige Systeme hoher Leistung

Dissertation, Karlsruher Institut für Technologie
Fakultät für Elektrotechnik und Informationstechnik, 2010

Impressum

Karlsruher Institut für Technologie (KIT)
KIT Scientific Publishing
Straße am Forum 2
D-76131 Karlsruhe
www.ksp.kit.edu

KIT – Universität des Landes Baden-Württemberg und nationales
Forschungszentrum in der Helmholtz-Gemeinschaft

KIT Scientific Publishing 2010
Print on Demand

ISSN: 1868-4696
ISBN: 978-3-86644-522-2

Vorwort des Herausgebers

Die Elektronik ist aus unserem heutigen Leben nicht mehr weg zu denken. Dies führt allerdings auch zu einer stetig steigenden Abhängigkeit von elektronischen Komponenten, z.B. in Fahrzeugen oder in der Kommunikationstechnik. Elektronische Komponenten können durch elektromagnetische Strahlung hoher Leistung, auch High Power Electromagnetic (HPEM) genannt, gestört oder zerstört werden. Daher können neuartige Bedrohungen aber auch neue Möglichkeiten für Polizei und Sicherheitskräfte entstehen. Im dritten Gefahrenbericht der Schutzkommission beim Bundesminister des Inneren wird auf die Bedeutung von HPEM-Quellen sowohl als mögliche Gefährdung der zivilen, elektronischen Infrastruktur als auch auf deren mögliche militärische oder sicherheitstechnische Bedeutung hingewiesen. Sicherheitskräfte werden in Zukunft Systeme zur Störung oder Zerstörung von Empfängern in ferngesteuerten Sprengladungen, zur Unterbindung von Kommunikation in einem bestimmten Bereich oder auch zum Stoppen von Fahrzeugen durch Störung der Elektronik fordern. Die wichtigste Anforderung für solche Systeme ist, breitbandige elektromagnetische Strahlung zielgerichtet einsetzen zu können. Dazu gehört eine elektronische Strahlschwenkung, die auf Grund der hohen Bandbreite nur mit True-Time-Delay-Konzepten erreicht werden kann.

Genau an dieser Stelle setzt die Arbeit von Herrn Andreas Lambrecht an. Die vorliegende Dissertation beschäftigt sich mit der Realisierung von True-Time-Delay-Systemen zur Strahlschwenkung von ultrabreitbandigen Signalen hoher Leistung. In der Arbeit wird das gesamte Systemkonzept betrachtet, wobei der Schwerpunkt auf der Rotman-Linse zum Beamforming für ultrabreitbandige Signale liegt. Das Kernstück der Arbeit ist die Entwicklung und Verifikation eines analytischen Modells zum schnellen Design von Rotman-Linsen. Darauf aufbauend wurde ein True-Time-Delay-Beamforming-System basierend auf Rotmann-Linse und Vivaldi-Antennen für den Frequenzbereich von 450MHz bis 5GHz entworfen, aufgebaut und messtechnisch verifiziert.

Damit stellt die Arbeit von Herrn Lambrecht eine wesentliche Grundlage zur Realisierung und Optimierung von Rotman-Linsen sowie gesamten True-Time-Delay-Systemen zur Strahlsteuerung ultrabreitbandiger Signale hoher Leistung dar und wird weltweit sicher zu großer Beachtung führen. Ich wünsche Herrn Lambrecht weiterhin viel Erfolg in seiner beruflichen Laufbahn.

Prof. Dr.-Ing. Thomas Zwick
- Institutsleiter -

Forschungsberichte aus dem
Institut für Höchstfrequenztechnik und Elektronik (IHE)
der Universität Karlsruhe (TH) (ISSN 0942-2935)

Herausgeber: Prof. Dr.-Ing. Dr. h.c. Dr.-Ing. E.h. Werner Wiesbeck

**Forschungsberichte aus dem
Institut für Höchstfrequenztechnik und Elektronik (IHE)
der Universität Karlsruhe (TH) (ISSN 0942-2935)**

Forschungsberichte aus dem
Institut für Höchstfrequenztechnik und Elektronik (IHE)
der Universität Karlsruhe (TH) (ISSN 0942-2935)

Forschungsberichte aus dem
Institut für Höchstfrequenztechnik und Elektronik (IHE)
der Universität Karlsruhe (TH) (ISSN 0942-2935)

True-Time-Delay Beamforming für ultrabreitbandige Systeme hoher Leistung

Zur Erlangung des akademischen Grades eines

DOKTOR-INGENIEURS

an der Fakultät für
Elektrotechnik und Informationstechnik
am Karlsruher Institut für Technologie (KIT)

vorgelegte

DISSERTATION

von

Dipl.-Ing. Andreas Lambrecht

geb. in Karlsruhe

Tag der mündlichen Prüfung: 14. Januar 2010
Hauptreferent: Prof. Dr.-Ing. Thomas Zwick
Korreferent: Prof. Dr.-Ing. habil. Jürgen Detlefsen

Vorwort

Die vorliegende Dissertation entstand während meiner Zeit als wissenschaftlicher Mitarbeiter am Institut für Hochfrequenztechnik und Elektronik (IHE) am Karlsruher Institut für Technologie (KIT), ehemals Universität Karlsruhe (TH). Für die Unterstützung der Arbeit und für die Übernahme des Hauptreferats möchte ich mich beim Institutsleiter Herr Prof. Dr.-Ing. Thomas Zwick herzlich bedanken. Ebenso möchte ich meinen Dank Herrn Prof. Dr.-Ing. habil. Jürgen Detlefsen für das Interesse an der Arbeit und die Übernahme des Korreferats aussprechen. Zusätzlich gilt ein besonderer Dank dem ehemaligen Institutsleiter Prof. Dr.-Ing. Dr. h.c. Dr.-Ing. E.h. Werner Wiesbeck, der maßgeblich dazu beitrug, dass ich mich nach meinem Studium für die Stelle als wissenschaftlicher Mitarbeiter am IHE entschied.

Ein sehr großer Dank geht an Herr Dipl.-Ing. Thorsten Kayser für die kritische Durchsicht des Manuskripts unter hohem Zeitdruck. Ein weiterer Dank geht an Dr.-Ing. Jürgen Schmitz von der Firma Rheinmetall W & M GmbH in Unterlüß, welcher durch eine gute und produktive Zusammenarbeit in der Anfangsphase meiner Zeit am IHE mitverantwortlich ist für die Entstehung dieser Dissertation.

Weiterhin bedanke ich mich bei meinen ehemaligen Kollegen Dipl.-Ing. Mario Pauli und Dr.-Ing. Rainer Lenz für die moralische Unterstützung. Ebenfalls möchte ich meinen ehemaligen Zimmerkollegen Dipl.-Ing. Piotr Laskowski und Dipl.-Ing. Kai-Philipp Pahl für die aufheiternden und lustigen Momente in unserem Arbeitszimmer danken.

Darüber hinaus bedanke ich mich bei meinen ehemaligen Diplom- bzw. Studienarbeitern Herr Dipl.-Ing. Benedikt Hoffmann, Herr Dipl.-Ing. Stefan Beer und Herr Benedikt Ripka, die durch außergewöhnlich gewissenhafte Bearbeitung ihrer Aufgabenstellungen zum schnellen Abschluss der Dissertation beitrugen.

Der größte Dank gebührt meiner Familie, die mich stets unterstützt und mir immer Rückhalt gegeben hat.

Karlsruhe, im Februar 2010
Andreas Lambrecht

Inhaltsverzeichnis

Symbol- und Abkürzungsverzeichnis

Symbole

Kleine lateinische Buchstaben

a_i	komplexer Anregungskoeffizient einer Antenne
c	Zählindex für Cluster
c_0	Lichtgeschwindigkeit im Vakuum: $c_0 = 2{,}997925 \cdot 10^8 \frac{\text{m}}{\text{s}}$
e	Elliptizität
f	Frequenz des betrachteten Signals/Signalanteils
f_{Gr}	Gruppenfaktor einer Antennengruppe im Zeitbereich
g	normierter Fokus auf der x-Achse der Rotman-Linse
h	Impulsantwort
h^+	Analytischer Teil der Impulsantwort
$h_{\max}$	Spitzenwert der Impulsantwort
h_{Rx}	Empfangsimpulsantwort
h_{Tx}	Sendeimpulsantwort
k	Wellenzahl
r	Entfernung zwischen Sender und Empfänger / Reflexionsfaktor
$\hat{r}$	Einheitsvektor in Kugelkoordinaten
r_i	Ort des i-ten Strahlers / der i-ten Antenne
t, t_i	Beliebiger Zeitpunkt
u_{Rx}	Spannung am Ausgangstor einer Empfangsantenne
u_{Tx}	Anregungsspannung einer Sendeantenne
v_{ph}	Phasengeschwindigkeit eines elektromagnetischen Signals
w	normierte Länge der Verbindungsline zwischen der AP-Kontur der Rotman-Linse und den Ausgängen hin zur Gruppenantenne / Breite von Mikrostreifenleitungen
w_{eff}	effektive Breite von Mikrostreifenleitungen
x,y,z	Kartesische Koordinaten (ggf. mit Index) / normierte Koordinaten für BP bzw. AP bei einer Rotman-Linse
y_{a}	Ausgangssignal
y_{e}	Eingangssignal

Große lateinische Buchstaben

A	Apertur einer Antenne
A_{w}	Wirkfläche einer Antenne
C_{Gr}	Gesamtrichtcharakteristik einer Antennengruppe
C_i	Antennenrichtcharakteristik der i-ten Antenne
D	Durchmesser
E_0	Elektrische Feldstärke an der Antennenapertur
E_{f}	abgestrahlte effektive elektrische Feldstärke in einer bestimmten Entfernung
$E_{\mathrm{f,a}}$	abgestrahlte effektive elektrische Feldstärke für eine Antennengruppe
E_i	Elektrische Feldstärke im Fernfeld des i-ten Elements einer Antennengruppe
F	Länge zwischen F_1 bzw. F_2 und O_1
F_1, F_2	Foki abseits der x-Achse der Rotman-Linse
F_{Gr}	Gruppenfaktor für eine Antennengruppe
G	Gewinn einer Antenne / Fokus auf der x-Achse der Rotman-Linse
G_{Gr}	Gewinn einer Antennengruppe
$G_{\mathrm{r,t}}$	Empfangs- bzw. Sendegewinn einer Antenne
H	komplexe Übertragungsfunktion / Ausdehnung einer Antenne in z-Richtung
L	Länge einer linearen Quelle / Leitung / Antenne
$L_{\mathrm{a,b}}$	maximale Breite der Microstrip-Ports einer Rotman-Linse
N	Anzahl der Einzelantennen in einer Antennengruppe / Ort des Ausspeisepunkts auf der y-Achse
O_1	Ursprung des Koordinatensystems der Rotman-Linse
O_2	Mittelpunkt der Achse, auf welcher die Ausspeisungen hin zur Gruppenantenne liegen
P	Wirkleistung / Punkt auf der AP-Kontur der Rotman-Linse
P_{ges}	Von einem Microstrip-Port in die Parallelplattenregion der Rotman-Linse abgestrahlte Gesamtleistung
P_{in}	Eingangsleistung
$P_{\mathrm{r,t}}$	empfangene bzw. gesendete Leistung
Q	Ausspeisepunkt hin zur Gruppenantenne
R	Abstand Sendeantennengruppe/Empfangsantennengruppe
R_i	Abstand zwischen Antenne i und Beobachtungspunkt im Fernfeld
S_{r}	Leistungsdichte in der Entfernung r
T	Taperlänge eines Microstrip-Ports / Temperatur / Periodendauer
U_{f}	auf r normalisierte Fernfeldspannung
W	Länge der Verbindungsline zwischen der AP-Kontur der Rotman-Linse und den Ausgängen hin zur Gruppenantenne / Breite von Mikrostreifenleitungen
X	x-Koordinate der AP- bzw. BP-Punkte
Y	y-Koordinate der AP- bzw. BP-Punkte
Z_{F0}	Freiraum Wellenwiderstand

Z_L	Leitungswellenwiderstand
Z_L0	Impedanz der Empfangsantenne
Z_Z0	Eingangsimpedanz einer Antenne

Kleine griechische Buchstaben

θ	Elevationswinkel
π	Kreiszahl
φ	Phase
ψ	Azimutwinkel
α	Winkel zwischen der x-Achse und einem Fokus F einer Rotman-Linse
β	Phase eines Antennenelements
β'	Schwenkwinkel der Antennengruppe
δ	Dirac-Stoß / Ort des Phasenzentrum eines Microstrip-Tapers einer Rotman-Linse
ϵ_i	Ausrichtungswinkel eines Microstrip-Ports einer Rotman-Linse
$\epsilon_\mathrm{r}, \epsilon_\mathrm{r,eff}$	normale bzw. effektive Permittivität eines Substratmaterials
η	normierter Ort des Ausspeisepunkt hin zur Gruppenantenne der Rotman-Linse auf der y-Achse
γ	Designvariable *expansion factor* einer Rotman-Linse
λ	Wellenlänge
$\mu_\mathrm{r}, \mu_\mathrm{r,eff}$	normale bzw. effektive Permeabilität eines Substratmaterials
ω	Kreisfrequenz
σ_{τ_G}	Standardabweichung der Gruppenlaufzeit
τ	Konstante Zeitverzögerung (ggf. mit Index)
τ_DS	Impulsverbreiterung (engl. *delay spread*)
τ_feed	Einstellbare Verzögerung des Speisenetzwerks einer Antennengruppe
τ_FWHM	zeitliche Halbwertsbreite (engl. *Full Width at Half Maximum*)
τ_G	Gruppenlaufzeit
$\bar{\tau}_\mathrm{G}$	mittlere Gruppenlaufzeit
$\tau_\mathrm{G,rel}$	relative Gruppenlaufzeit
$\tau_\mathrm{r,\alpha}$	Nachschwingzeit (engl. *ringing*)

Große griechische Buchstaben

$\Phi_\mathrm{a,b}$	Raumwinkel des Microstrip-Ports innerhalb eines zweidimensionalen Freiraumes

Abkürzungen

AP	Arrayport
BP	Beamport
CAS	*Computer Aided Simulation*
CPT	*Constant Phase Type*
CW	*Continuous Wave*
DBF	Digitales *Beamforming*
EMP	Elektromagnetischer Puls
FCC	*Federal Communication Commission*
GUI	*Graphical User Interface*
HE	Hybrid Elektrisch
HF	Hochfrequenztechnik
HPBW	Halbwertsbreite (engl. *Half Power Beam Width*)
HPEM	*High Power Electromagnetic*
HPM	*High Power Microwaves*
IEC	*International Electrotechnical Commission*
IEEE	*The Institute of Electric and Electronics Engineers*
IEME	*Intentional Electromagnetic Environments*
IFFT	Inverse Fouriertransformation
IRA	*Impulse Radiating Antenna*
LTI	Linear *Time* Invariant
NEMP	Nuklearer Elektromagnetischer Puls
PRF	*Pulse Repetition Frequency*
PZ	Phasenzentrum
TE	Transversal Elektrisch
TEM	Transversal Elektromagnetisch
TM	Transversal Magnetisch
TTD	*True Time Delay*
UWB	Ultra-Breitband (engl.: *Ultra Wide Band*)
VNWA	Vektorieller Netzwerkanalysator

1. Einleitung

Der stetige technische Fortschritt in allen Teilen der Erde führt zu einer ebenso stetig steigenden Abhängigkeit von ubiquitär verteilten elektronischen Einrichtungen und Komponenten. Hiermit werden viele multimediale, infrastrukturelle und sicherheitsrelevante Anwendungen und Dienste ermöglicht, bei allerdings steigender Gefahr zahlreicher neuartiger Bedrohungen, wodurch sich bei Polizei- und Sicherheitskräften in der Zukunft ein größerer Bedarf an HPEM-Systemen, zur beabsichtigten Erzeugung von Interferenzumgebungen in Krisensituationen, um z.B. ferngesteuerte Sprengladungen zu stören oder Kommunikation allgemein wirksam in einem bestimmten Bereich zu unterbinden, entwickelt. Im dritten Gefahrenbericht der Schutzkommission beim Bundesminister des Inneren [ziv06] wird auf die Bedeutung von HPEM-Quellen sowohl als mögliche Gefährdung der zivilen, elektronischen Infrastruktur als auch auf deren mögliche militärische Bedeutung in den letzten Jahren hingewiesen. Es wird in dem Bericht festgestellt, dass es noch keine internationalen Normen für HPEM-Wirkungen gibt und dass ein genereller Schutz gegen HPEM bei kommerziellen elektronischen Komponenten nicht existiert.

Diese neuartigen Anforderungen an flexibel einsetzbare HPEM-Systeme haben basierend auf dem abgedeckten Frequenzspektrum zur Definition von Intentional Electromagnetic Environments (IEME) geführt [GTB06]. Man unterscheidet gepulste schmalbandige Signale, welche als HPM (High-Power-Microwaves)-Umgebung bezeichnet werden sowie die UWB (Ultra-Wideband-Pulse)-Umgebung. Die UWB Umgebung hat eine viel kleinere spektrale Leistungsdichte als die HPM-Umgebung. Der Frequenzbereich zur Einflussnahme auf Elektronik mittels elektromagnetischer Wellen liegt nach dieser Spezifikation zwischen 200 MHz und 5 GHz (Bild 1.1).

Die HPEM-Systeme erreichen hierbei Bandbreiten zwischen 1% und 200%. Ein anderer Frequenzbereich von Interesse liegt bei 100 GHz und kann physiologische Effekte erzielen. Die abgestrahlte HPEM-Strahlung erreicht typischerweise Feldstärken von mehr als $100\frac{\text{V}}{\text{m}}$ am

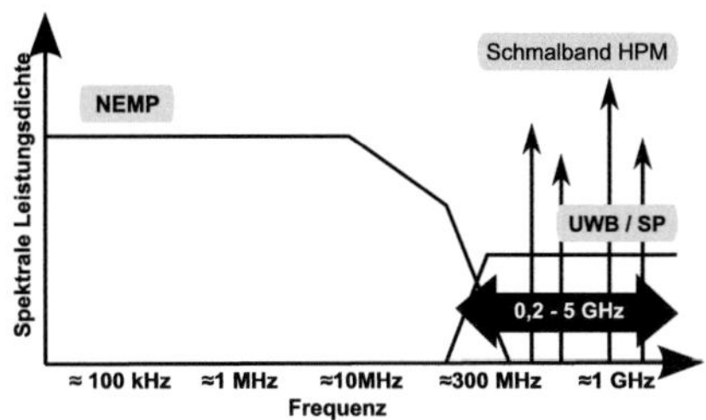

Bild 1.1.: HPEM-Umgebungen

Wirkort, welcher, je nach Größe der eingesetzten Antenne und Leistung der Signalquelle, bis zu einige Kilometern vom Ausgangspunkt entfernt sein kann [GT04a].

Im Rahmen der Arbeit sollen Möglichkeiten aufgezeigt werden, über sehr große Frequenzbereiche diese elektromagnetische Strahlung richtungsgebündelt einzusetzen. Hierbei stehen planare Realisierungen im Vordergrund, z.B. zur Implementierung auf mobilen Trägerplattformen (z.B. Lastkraftwagen). Ein Schwerpunkt der Untersuchung liegt in der Behandlung von True-Time-Delay-Beamformern und sehr breitbandigen Antennenkonzepten für Leistungen von mindestens einigen Kilowatt, welche die Basis eines solchen Systems bilden. Hierbei werden geeignete Kriterien im Frequenz- als auch im Zeitbereich erfüllt und die Grundlagen für den Aufbau von HPEM-Systemen mit elektronischer Strahlschwenkung geschaffen.

1.1. Hintergrund dieser Arbeit

Diese Arbeit ist angesiedelt zwischen dem Thema der ultrabreitbandigen Antennenarrays und dem Gebiet der HPEM-Systeme, so dass an dieser Stelle ein Überblick über den aktuellen Stand der Forschung und Entwicklung in diesem Bereich steht. Für ein breitbandiges HPEM-System im UWB Bereich benötigt man eine breitbandige Pulsquelle, eine mechanische oder elektrische Beamschwenkung, sowie eine oder mehrere Antennen.

1.1.1. Elektromagnetische Hochleistungsimpulse

Als elektromagnetischer Hochleistungsimpuls (EMP) wird allgemein ein breitbandiger und hochenergetischer elektromagnetischer Ausgleichsvorgang bezeichnet. Der wohl bekannteste EMP wird durch einen einfachen Blitz erzeugt, bei dem durch statische Aufladungsvorgänge eine Feldstärke von ca. $3 \cdot 10^3 \frac{\text{kV}}{\text{m}}$ entsteht. Die im Blitzkanal fließenden Ströme erzeugen elektromagnetische Wellen von einigen kHz bis zu 1 MHz.

Der nukleare elektromagnetische Impuls (NEMP) entsteht durch eine nukleare Detonation. Die hierbei erzeugte γ- Strahlung löst Elektronen aus den Atomverbänden heraus. Diese sogenannten Compton-Elektronen entfernen sich in radialer Richtung und erzeugen so das elektromagnetische Feld. Der Impuls erreicht eine Spitzenfeldstärke von ca. $50 \frac{\text{kV}}{\text{m}}$ [Wil85].

Im Gegensatz dazu kann ein elektromagnetischer Impuls auch direkt mithilfe der Halbleitertechnik und breitbandigen Antennen erzeugt werden. Untersuchungen haben gezeigt, dass für die Funktionsbeeinträchtigung oder Zerstörung elektronischer Bauteile Impulse im Frequenzband 200 MHz bis 5 GHz geeignet sind [GTB06]. Dabei werden nicht, wie bei einem NEMP einzelne Impulse abgestrahlt, sondern eine Folge möglichst vieler Impulse in einer möglichst kurzen Zeit. Zum Einsatz kommen dabei beispielsweise durch Licht gezündete Halbleiterschalter aus Si oder GaAs. Diese bieten gegenüber normalen Halbleiterschaltern u.a. neben einer höheren Spitzenspannung und einem höheren Spitzenstrom auch den besseren Wirkungsgrad, kürzere Impulsanstiegs- und abfallzeiten und höhere Pulswiederholraten [Dem93].

Ein solcher Impuls soll von einem mobilen System aus abgestrahlt werden, um gezielt die Halbleiterübergänge in elektronischen Baugruppen zu stören oder zu beschädigen. Dies führt direkt zum Ausfall des bestrahlten Gerätes. Im Falle eines Mobiltelefons könnte beispielsweise die Fernzündung eines Sprengsatzes gestört werden. Auch ein mit einem Fahrzeug Amoklaufender könnte durch Zerstören der Motorsteuerung zum Anhalten gezwungen werden.

1.1.2. HPEM-Systeme

Bei den hier betrachteten Systemen, handelt es sich ausschließlich um abstrahlende HPEM-Vorrichtungen, nicht um leitungsgebundene HPEM-Wirkmechanismen. Nach [GT04a] können IEME unterschiedlich klassifiziert werden, z.B. anhand des am Wirkort einfallenden Feldes, was sich folgendermaßen darstellt:

- Ein einzelner monochromatischer Puls der sich zyklisch wiederholt (ein schmalbandiges intensives Signal).

- Ein sog. *Burst*, der sich aus mehreren monochromatischen Pulsen zusammensetzt, welche ebenfalls zyklisch wiederholt werden.

- Ein ultrabreitbandiger Puls (spektrale Komponenten von einigen 100 MHz bis zu mehreren GHz).

- Ein *Burst* aus vielen ultrabreitbandigen Impulsen.

Eine wichtige Klassifizierung von IEMEs ergibt sich auch durch Betrachtung der erzeugten Feldstärke an einem bestimmten Ort. Um die Reichweite (d.h. die Feldstärke in Abhängigkeit der Entfernung) zu berechnen, ist es zunächst notwendig das effektive E-Feld an der Apertur einer Aperturantenne zu bestimmen. Das ist in Gleichung 1.1 gegeben [GT04b]. $Z_{F0} = 120\pi\,\Omega$ ist hierbei der Freiraum-Wellenwiderstand und A die Apertur der Antenne. Das effektive E-Feld steigt dabei mit der Wurzel der gesendeten Leistung.

$$E_0 = \sqrt{\frac{P \cdot Z_{F0}}{A}} \tag{1.1}$$

Aussagekräftiger ist das abgestrahlte effektive E-Feld in einer bestimmten Entfernung unter Fernfeldannahme, Freiraumausbreitung in homogener Materie und ohne Hindernisse für ein monochromatisches Dauerstrichsignal [GW98]:

$$E_f = E_0 \cdot A \cdot \frac{1}{r \cdot \lambda} = \frac{\sqrt{P \cdot Z_{F0} \cdot A}}{r \cdot \lambda}. \tag{1.2}$$

Es verhält sich antiproportional zur Entfernung und zur Wellenlänge, sowie proportional zur Quadratwurzel der Antennenapertur. Mit großen Antennenaperturen und hohen Frequenzen erreicht man also die höchsten Fernfeldfeldstärken. Um verschiedene elektrische Feldstärken im Fernfeld miteinander vergleichen zu können, kann man eine Fernfeld-Spannung definieren, die sich aus der über der Entfernung normierten maximalen E-Feldstärke ergibt

$$U_f = r \cdot E_f = \frac{\sqrt{P \cdot Z_{F0} \cdot A}}{\lambda}. \tag{1.3}$$

Zwischen der Antennenwirkfläche und dem Gewinn besteht ein linearer Zusammenhang:

$$A_{\mathrm{w}} = G \cdot \frac{\lambda^2}{4\pi} \tag{1.4}$$

Erweitert man eine Antenne zu einem Antennenarray ergibt sich automatisch eine Vergrößerung der Antennenwirkfläche und damit auch des Gewinns um den Faktor N. Setzt man (1.4) in (1.2) für die Apertur A ein, ergibt sich für ein Antennenarray folgender Zusammenhang zwischen der abgestrahlten Feldstärke und der Anzahl der Elemente N in einem Array:

$$E_{\mathrm{f,a}} = E_{\mathrm{f}} \cdot \sqrt{N} \tag{1.5}$$

Die folgende Tabelle aus [GT04a] liefert einen Überblick über erzielbare Feldstärken in Abhängigkeit von der Eingangsleistung und der Frequenz. Hierbei wird eine Apertur von $10\mathrm{m}^2$ angenommen. Mit einer Eingangsleisutng von 2 kW können bereits Feldstärken zwischen 500 MHz und 3 GHz erzielt werden, welche eine gravierende Gefährdung für elektronische Komponenten darstellen [BST02].

(a)

f/GHz	$P_{\mathrm{in}} = 2\,\mathrm{kW}$				$P_{\mathrm{in}} = 20\,\mathrm{kW}$			
f/GHz	0,5	1	2	3	0,5	1	2	3
$U_{\mathrm{f}}/\mathrm{kV}$	4,57	9,13	18,27	27,40	457	913	1803	2740

Tabelle 1.1.: Auf den Abstand normierte erzielbare E-Feldstärke

Für die Erzeugung der notwendigen Apertur werden in [GT04a] TEM-Hörner und Reflektorantennen genannt, welche durch TEM-Leitungen gespeist werden. Es wird dort auf die Anordnung von TEM-Hörnern im Array hingewiesen, jedoch werden keine Ergebnisse zur Strahlschwenkung dargestellt. Auf geeignete Antennen wird in Kapitel 5.1 eingegangen.
Als Leistungsquellen für HPEM-Systeme können bereits kommerzielle Magnetrons, wie sie in Mikrowellenöfen verbaut werden, genannt werden. Diese sind sehr schmalbandig und erreichen Leistungen bis ca. 2 kW. Auch kommerzielle oder militärische Radarsysteme können bei leichter Modifikation als HPEM-System gebraucht werden und erreichen Spitzenausgangsleistungspegel der verwendeten Mikrowellenröhren von mehreren Megawatt. Jedoch sind solche Anlagen in der Regel großtechnische Anlagen, welche der Forderung nach Mobilität nur schwer gerecht werden können. Im militärischen Bereich gibt es des Weiteren viele nicht öffentlich zugängliche Störsender, welche z.B. in Flugzeugen dazu verwendet werden, Störstrahlung auszusenden und hierbei in erster Linie dazu dienen, andere Radarempfänger mit falscher Information zu versorgen. Die Zielsetzung bei HPEM-Systemen im Frequenzbereich zwischen 200 MHz bis 5 GHz geht über die Zielsetzung dieser genannten Störsysteme hinaus. Durch unvermeidbare Fehler in der Abschirmungstopologie elektrischer Baugruppen können Felder in diesem Frequenzbereich eindringen und Störungen bzw. Schäden verursachen. So sind z.B. die physischen Abmessungen von Baugruppengehäusen zwischen 1 und 2 GHz resonant. Auch typische Durchführungsabmessungen, Schlitze, Löcher etc. eignen sich zum Einkoppeln von HPEM-Feldern. Erreicht der Feldstärkepegel einige $\frac{\mathrm{V}}{\mathrm{m}}$ so können z.B.

logische Schaltzustände verändert werden. Um Halbleiterübergänge physisch zu zerstören werden einige $\frac{kV}{m}$ benötigt [IEC04a].

In [SBNea04] wird ein Überblick über die wichtigsten schmalbandigen HPEM-Systeme, welche weltweit in der Entwicklung sind, gegeben: Swedish Microwave Test Facility (MTF), Orion, Hyperion, Supra. Hierbei handelt es sich allerdings nicht um mobile Einsatzsysteme, sondern um Testgelände für z.B. Flugzeuge oder Autos. Diese Einrichtungen weisen auch keinerlei Strahlschwenkung auf. Einen Überblick über breitbandige HPEM-Systeme gibt [PBT04]. Ein Schwerpunkt liegt hier auf Impulsquellen hoher Leistung. Es handelt sich um Systeme mit nur einer Antenne, welche einen transienten Impuls abstrahlen. Auch hier wird das Thema Miniaturisierung oder Strahlschwenkung nicht angesprochen. Das System THOR ist in der Lage Leistung im Bereich von 200 MHz bis 1 GHz abzustrahlen. Es gibt ebenfalls Ausführungen mit Parabolspiegel-Antennen.

Der gegebene Überblick verdeutlicht, dass es derzeit keine „kleinen" und mobilen HPEM-Systeme mit elektronischer Strahlschwenkung gibt. Ein Realisierungsansatz für ein solches System ist ein ultrabreitbandiges Antennenarray mit frequenzunabhängigem Beamformer mit mehreren Signalquellen und/oder schaltbaren Strahlungsrichtungen. Die Grundlagen für ein solches System werden basierend auf der Theorie über *Phased Arrays* unter den Randbedingungen speziell für HPEM-Systeme abgeleitet werden. Insbesondere unter dem Aspekt, dass unter Umständen bereits die Quellen Signale hoher Leistung bzw. Pulse hoher Spitzenspannung liefern, sind weitgehend passive Beamformer mit hoher Spannungsfestigkeit von Vorteil. Als Beamformer kommt z.B. eine Rotman-Linse in Frage, welche im Gegensatz zur Realisierung mit aktiver Elektronik (FIR-Filter), diesen Vorteil hat. Der nächste Abschnitt stellt den Stand der Technik in dieser Richtung dar.

1.1.3. Phased Arrays und Rotman-Linse

Da es sich bei dem vorgeschlagenen Konzept für das HPEM-System um einen Phased Array Ansatz handelt, soll ein kurzer Überblick über derzeitige Entwicklungen gegeben werden. In [Bro06] werden einige Radarsysteme mit Phased Array Antennen dargestellt. Erwähnt wird ein aktives MMIC-Radar mit einer Bandbreite von 2,5:1, welches mit Hilfe einer Rotman-Linse den Beam schwenkt. Dieses Radargerät bietet darüber hinaus die Möglichkeit „elektromagnetische Gegenmaßnahmen" anzuwenden. Eine weitere Detaillierung ist in der öffentlichen Literatur nicht zugänglich. Weiterhin erwähnenswert sind Arbeiten zu Digital Beamforming [YFW03], [You04], wobei die prozessierbare Bandbreite direkt von der Taktfrequenz der hierzu benötigten Digital-Analog-Wandler abhängt und zur Verwendung von Rotman-Linsen [Rot63] für sehr breitbandige Arrays. Digitale Beamforming-Technologien eignen sich prinzipiell dazu Phasen- und Amplitudenvariationen frequenzabhängig einzustellen. Jedoch erreicht keines der heutigen DBF-Radarsysteme die benötigte Bandbreite beim Senden für das hier vorgeschlagene HPEM-System. Auch die hohen auftretenden Spannungen bzw. Leistungen direkt am Ausgang der Signalquelle limitieren die Einsetzbarkeit der meisten Beamforming-Techniken. Um den Beam in eine bestimmte Richtung über einen breiten Frequenzbereich stationär zu halten, wird jedes Antennenelement mit einer frequenzabhängigen Phasenbelegung versehen [Joh06]. Die bekanntesten Möglichkeiten sind elektronisch ansteuerbare Ferritphasenschieber oder Halbleiterdiodenphasenschieber. Die Phasenschieber werden in zwei fundamentale Gruppen eingeteilt:

- Constant-Phase-Type (CPT) Phasenschieber

- True-Time-Delay (TTD) Phasenschieber

Werden TTD-Phasenschieber verwendet, so werden die Signale für jede Antenne derart verzögert, dass durch die Verzögerung die Phase entsprechend der derzeitigen Frequenz angepasst ist [Sör05]. Die Phasenverteilung über der Arrayapertur, die von diesen *Time-Delays* erzeugt wird, entspricht jener der Phasenfront der abgestrahlten Wellenfront und zwar unabhängig von der Momentanfrequenz. Folglich bleibt die *Beam*-Position über der Frequenz stationär, so dass die Antennengruppe theoretisch für alle Schwenkwinkel eine unendliche Frequenzbandbreite hat. Dieser Sachverhalt gilt sowohl für Dauerstrichsignale im Frequenzbereich als auch für impulsartige Signale im Zeitbereich. Bei der Übertragung eines impulsartigen Signals wird dessen Form durch ein TTD Speisenetzwerk, bis auf eine Dämpfung, nicht verzerrt. Zur Erzeugung eines TTD-Speisenetzwerks gibt es folgende Möglichkeiten der Realisierung:

- Schalten von HF-Leitungen (Microstrip, Koaxial, Hohlleiter).

- Schalten von optischen Leitungen.

- Verwendung von HF-Linsen, insbesondere Rotman-Linsen.

Einen Überblick über den Stand der Technik beim Design und der Anwendung von Rotman-Linsen gibt [MCS05]. Dort werden einige Designmethoden kurz angerissen. Der Entwurf von Rotman-Linsen ist in der Literatur meist auf Basis von strahlenoptischen Modellen beschrieben [Sim04]. Anhand dieser Modelle folgen Koordinaten für die Einspeise- und Auspeisepunkte, zusätzliche Ausgleichsleitungen und die Orte der Antennenspeisepunkte. Das theoretische Design macht jedoch keine Aussage über die Randbereiche der Linse. Theoretische Verbesserungen der ursprünglichen Rotman-Linse finden sich in [Gag89], eine Verbesserung der Fokussierung basierend auf dem Snell'schen Gesetz, in finden sich Untersuchungen zum Phasenfehler und dessen Parameterabhängigkeiten, in [Kat84] wird eine modifizierte Version der strahlenoptischen Designregeln vorgestellt. Die Randbereiche haben gravierenden Einfluss auf die Wellenausbreitung innerhalb der Parallelplattenregion. Das Design der Randbereiche erfolgt mit Hilfe numerischer und empirischer Verfahren [WKN07], [HHA02], [MS89], [RP05] und [PR99], woraus sich ableiten lässt, dass eine gewisse Ausdehnung des Randbereichs erforderlich ist. Dieser muss bei einer Hohlleiterausführung mit Absorbermaterial ausgestattet, bei einer Microstrip / Stripline / Finline Ausführung mit Dummyports abgeschlossen werden. Eine analytische Erfassung dieses Randbereiches ist in der öffentlichen Literatur nicht verfügbar. Weitere Effekte beim realen Aufbau sind die Auswirkungen der nichtidealen Ports. In [LLRY07] wird ein dreieckiger Taper zur Anpassung der $50\,\Omega$-Leitungen an die Parallelplattenregion vorgeschlagen. Die Autoren von [SSG03] schlagen eine planare Linse mit Eingangs- und Ausgangskontur gleicher Höhe vor, um die Phasenfehler zu minimieren. Dieser Ansatz wird jedoch in den meisten anderen Veröffentlichungen nicht verfolgt. Vor allem für die Miniaturisierung der planaren Ausführungen der Rotman-Linse werden in [JB01]

Skalierungsregeln für unterschiedliche Dielektrizitätskonstanten gezeigt. Diese führen zu einer verbesserten Ausrichtung der beiden Konturen der Linse. In [SM06] wird die Verwendung von zwei unterschiedlich permittiven Regionen innerhalb der Linse vorgeschlagen, um durch Beugungseffekte an der dielektrischen Grenzfläche mehr Leistung zu den Auskopplungspunkten zu transferieren. Eine detaillierte Ableitung der abgeänderten Designgleichungen fehlt jedoch. Die Verwendung einer reinen dielektrischen Linse, welche auf der Anregung von substratgeführten Oberflächenwellen beruht wird in [WD06] präsentiert. Dieser Ansatz ist viel versprechend hinsichtlich einer weitergehenden Miniaturisierung gegenüber einer Microstrip-Realisierung, allerdings nur tauglich für hohe Frequenzen im Millimeterwellenbereich.

1.2. Aufgabenstellung und Lösungsansatz

In dieser Arbeit wird zuerst das theoretische Modell der Rotman Linse erarbeitet. In den verschiedenen Literaturquellen ([Rot63], [Sin01], [Han91], [Sim04], u.a.) wird die strahlenoptische Betrachtung der Rotman Linse uneinheitlich dargestellt. Diese Beschreibung wird deshalb komplett hergeleitet, um Missverständnisse zu vermeiden und eindeutige Bezeichnungen innerhalb dieser Arbeit zu ermöglichen.

Das strahlenoptische Modell wird dann um eine geeignete Beschreibung der Ein- und Auskopplungen der Leitungen in die Parallelplattenregion ergänzt, ähnlich wie in [SF83]. Diese Beschreibung soll Aussagen über die maximale Bandbreite einer Rotman Linse ermöglichen, da die Ein- und Ausspeisungen in die Parallelplattenregion neben der Gestaltung der Seitenbereiche die stärkste Einschränkung der Breitbandigkeit mit sich bringen [RP05]. Obwohl die Rotman Linse in den Literaturquellen als sehr breitbandig beschrieben wird, erfüllen die meisten veröffentlichten Realisierungen nicht das Kriterium der Ultrabreitbandigkeit.

Zusammen mit der Analyse der maximalen Bandbreite wird das System auch erstmalig auf sein Verhalten im Zeitbereich hin untersucht. Eine solche Beschreibung, wie sie für pulsbasierte Systeme wichtig ist, ist bisher lediglich in [TTW89] angedeutet. Die Analyse des Zeitverhaltens wird dabei ähnlich den am IHE entstandenen Kriterien für Antennen, die in [Sör07] beschrieben sind, durchgeführt.

Mit Hilfe von numerischen Feldsimulationen werden dann weitere neuartige Design-Regeln abgeleitet, die für die Funktionsweise der Rotman Linse von Bedeutung sind wie z.B. das Design der Seitenbereiche, die Form der Übergänge von den Leitungen zur Parallelplattenregion, und die Platzierungsdichte der Ein- und Ausspeiseports. Diese Effekte können mit einem analytischen Modell nur sehr schwer und ungenau erfasst werden.

Ausgehend von dem analytischen Modell, den entwickelten Design-Regeln und mit Hilfe von numerischen Feldsimulationsprogrammen wird dann ein Prototyp entwickelt, der die entstandenen analytischen Beschreibungen verifizieren soll.

Der Einsatz einer impulsabstrahlenden Antenne für HPEM als mobiles System stellt große Anforderungen an das Design. Dazu werden zunächst alle relevanten physikalischen Grundlagen erarbeitet und beschrieben. Die Herausforderung danach besteht darin, möglichst die Antennen in einer Gruppe nebeneinander zu platzieren. Die Entwicklung des Einzelelements erfolgt an der physikalischen Machbarkeitsgrenze, um auf kommerziell erhältlichen Standardsubstratgrößen die tiefstmögliche untere Grenzfrequenz der Impedanzanpassung zu erzielen. Hier ist der Realisierungsansatz beschränkt durch verfügbare Materialien am Markt.

Um dies zu erreichen, werden die relevanten, in der Literatur erwähnten und angewandten Techniken zur Reduktion der Antennenabmessungen simulativ untersucht und bewertet. Eine Literaturstudie über verfügbare Antennen, die für die oben genannte Anwendung in Frage kommen, soll dafür zunächst einen Überblick schaffen. Diese gliedert sich in die Bereiche TEM-Hornantennen, *Impulse Radiating Antennas* und Vivaldi-Antennen.

Mit *CST Microwave Studio*^{TM} werden antipodale Vivaldiantennen für das HPEM-System simuliert und optimiert. Besonders kritische Paramter, wie beispielsweise Baugröße, Anpassung, Spitzenfeldstärke und Abstrahltrahlverhalten können hier ermittelt werden. Dabei werden Techniken zur Verbesserung der Antenneneigenschaften hinsichtlich ihrer Wirksamkeit untersucht und beurteilt. Daraus entsteht eine Antenne für den oben genannten Anwendungsbereich, die aufgrund der Notwendigkeit mobil zu sein, eine möglichst minimale Kantenlänge an der abstrahlenden Seite haben muss.

Die so entwickelte Antenne wird anschließend zur Verifizierung der Simulationsergebnisse aufgebaut und vermessen.

Hinsichtlich der Integration der fertigen Antenne in ein strahlschwenkbares Array werden die Realisierbarkeit überprüft und grundlegende Eigenschaften bestimmt. Am Ende der Arbeit steht die systemtheoretische Beurteilung der Antennengruppe inklusive der Rotman-Linse und dem Impulserzeuger als Bestandteil dieses neuartigen HPEM-Gesamtsystems.

2. HPEM-Syteme mit *True-Time-Delay*-Ansteuerung im Frequenz- und im Zeitbereich

Die benötigten Grundlagen zur Auslegung von *True-Time-Delay* gesteuerten strahlschwenkbaren HPEM-Systemen werden in diesem Kapitel erarbeitet. Zunächst wird auf breitbandige Impulse eingegangen und die Wirkmechanismen von HPEM-Systemen in elektronischen Systemen beleuchtet. Ausgehend von der Theorie über *Phased Arrays* wird der Gruppenfaktor von allgemeinen Antennenanordnungen dargestellt. Danach werden Zeitbereichsbeschreibungen von antennenspezifischen Größen eingeführt. Ein analytisches Systemmodell ermöglicht anschließend die Untersuchung unterschiedlicher Optimierungsansätze im System.

2.1. Breitbandige Hochleistungsimpulse

Der Frequenzbereich für künstlich erzeugte Hochleistungimpulse für HPEM Anwendungen liegt nach [IEC04b] bei 0,2 - 5 GHz. Untersuchungen ergaben, dass dieser Frequenzbereich für Funktionsbeeinträchtigungen elektronischer Bauteile geeignet ist [Rad04]. Der Vorteil gegenüber schmalbandigen Störsignalen besteht darin, dass mit einer höheren Wahrscheinlichkeit die Schwachstellen eines Systems (z.B. Resonanzen, Einkopplungstore) getroffen werden, und damit die Störschwelle für die elektrische Feldstärke herabgesetzt wird. Des weiteren kann man durch sehr kurze Impulse Schutzmechanismen in der Empfängerelektronik gegen Überspannung umgehen [Hea92]. Sehr kurze Impulse im Zeitbereich haben gegenüber schmalbandigen HPM Signalen im Frequenzbereich den Nachteil, dass die spektrale Leistungsdichte relativ gering ist. Um die zeitliche und damit auch die spektrale Leistungsdichte zu erhöhen werden die Pulse gewöhnlich mit einer Pulswiederholfrequenz zwischen einigen kHz und einem MHz wiederholt. Moderne Pulser schaffen Impulsbreiten von kleiner 1 ns bei einer Spannung von 10 kV und Pulswiederholraten von 100 kHz. Bei Geräten mit höherer Spitzenspannung sinkt dann meist die maximale Pulswiederholrate, oder die Pulse werden breiter [FID09].

Unter ultrabreitbandigen (UWB) Signalen versteht man Signale deren relative Bandbreite größer als 25 % ist. Eine gesonderte Klassifizierung findet in [PBT04] für HPEM-Systeme statt. Diese ist in Tabelle 2.1 dargestellt.

Bezeichnung	Bandbreite B %	Bandbreite b $f_\mathrm{o}/f_\mathrm{u}$
Hypoband	$<1\%$	$<1{,}010$
Mesoband	$1\%<\mathrm{B}\leq100\,\%$	$1{,}010<\mathrm{b}\leq3$
Sub-Hyperband	$100\,\%<\mathrm{B}\leq163{,}4\,\%$	$3<\mathrm{b}\leq10$
Hyperband	$163{,}4\,\%<\mathrm{B}\leq200\,\%$	$\mathrm{b}\leq10$

Tabelle 2.1.: Bandbreitendefinitionen für HPEM-Systeme

Im Folgenden wird von UWB-Impulsen oder UWB-Systemen die Rede sein, wenn deren Frequenzspektrum im Sub-Hyperband oder im Hyperband-Bereich liegt. Eine andere Definition für UWB-Pulse kann [CG06] entnommen werden, siehe Tabelle 2.2. Dort wird die Unterscheidung zwischen einem UWB-Impuls und einem allgemeinen EMP-Impuls über die Anstiegszeit des Pulses und dessen zeitlicher Länge getroffen. Der Bereich der Anstiegszeit liegt zwischen kleiner 500 ps (UWB) und 10 ns (langsamer EMP) und einer Pulslänge zwischen 2,5 ns und 1600 ns. Ebenfalls wird aufgezeigt, dass UWB-Pulse kleinere Spitzenfeldstärken als EMP-Pulse benötigen, da sie besser in Systeme wie z.B. Mikrocontroller einkoppeln (siehe auch Kapitel 2.2.1).

Puls	Anstiegszeit	Pulslänge
UWB	100 ps	2,5 ns
EMP (schnell)	1,5 ns	80 ns
EMP (mittel)	5 ns	300 ns
UWB - slow EMP	500 ps - 10 ns	2,5 ns - 1600 ns
EMP (langsam)	$>$10 ns	500 ns

Tabelle 2.2.: Zeitparameter für HPEM-Impulse

Als Signalformen für UWB-Impulse für HPEM-Anwendungen eignen sich insbesondere der Doppelexponentialpuls und der Gauss'sche Puls [Gir04]. Für numerische Simulationen wird ausschließlich ein Gauss'scher Puls verwendet. Dieser besitzt das kleinste Zeitdauer-Bandbreite-Produkt, d.h. für eine sehr kurze Pulsdauer ist die Bandbreite im Frequenzbereich maximal [KJ05].

2.1.1. Besonderheit bei impulsförmigen Signalen im Zeitbereich

Mit der bisher gezeigten Gleichung (1.2) kann man das elektrische Feld in Abhängigkeit der Frequenz, d.h. lediglich für monochromatische Signale berechnen. Bei kurzen Impulse, welche von Natur aus sehr breitbandig sind, muss ein anderer Ansatz gewählt werden. Man kann z.B. das Spitzen-E-Feld für die Mittenfrequenz berechnen, jedoch hat man dann immer mit einer gewissen Ungenauigkeit zu rechnen. Besser ist es die spektrale Leistungsdichte des Pulses zu berechnen, dann für jeden einzelnen Frequenzpunkt Gleichung (1.2) anwenden und abschließend das elektrische Feld in den Zeitbereich zu transformieren (der Bezugswiderstand ist 1Ω, die Bezugszeit 1 s):

$$E(t) = \text{IFFT}\left\{ \frac{\sqrt{\frac{\mathcal{F}\{U^2(t)\}}{\Delta f \cdot 1\text{s}}} \cdot \frac{Z_{\text{F0}}}{1\Omega} \cdot A}{r \cdot \lambda} \right\} \tag{2.1}$$

2.2. Auswirkungen einer HPEM-Störung

2.2.1. Eindringmechanismen

Man unterscheidet *Front-* und *Back-Door-Coupling*. Unter *Front-Door-Coupling* versteht man Strahlung welche über Antennen oder Sensoren einkoppelt, welche dazu vorgesehen sind mit der Umgebung zu interagieren. Diese Einkoppelpfade können nicht vollständig abgeschirmt werden, ohne dass eine Beeinträchtigung der gewünschten Funktionen stattfinden würde. *Back-Door-Coupling* beschreibt dagegen das Eindringen der Strahlung durch Sekundärpfade, z.B. durch kleine Öffnungen in der Abschirmung [RG02]. Diese Öffnungen können absichtlich (z.B. Lüftungsöffnungen) oder unabsichtlich sein. Es bezeichnet also das Eindringen an nicht dafür vorgesehenen Stellen. Bereits vergleichsweise kleine Schlitze bzw. Öffnungen können zu einem gravierenden Absinken von Abschirmmaßnahmen führen [KCK02].

Neben dem *Front-* und *Back-Door-Coupling* kann ein Störsignal auch leitungsgeführt über Stromkabel oder Kommunikationskabel, welche in das zu störende System führen, eingekoppelt werden [Rad04], [IEC04b]. Für das direkte Eindringen durch *Back-Door-Coupling* sind hohe Frequenzen geeignet, während bei der Übertragung über Kabel das Gegenteil der Fall ist. Alle Kabel wirken prinzipiell als Tiefpass und dämpfen hohe Frequenzen bereits ab einigen MHz stark ab. Für den von der IEC vorgegebenen Frequenzbereich von 0,2 - 5 GHz kommt somit ausschließlich das direkte Eindringen über elektromagnetische Felder als Störmechanismus in Frage.

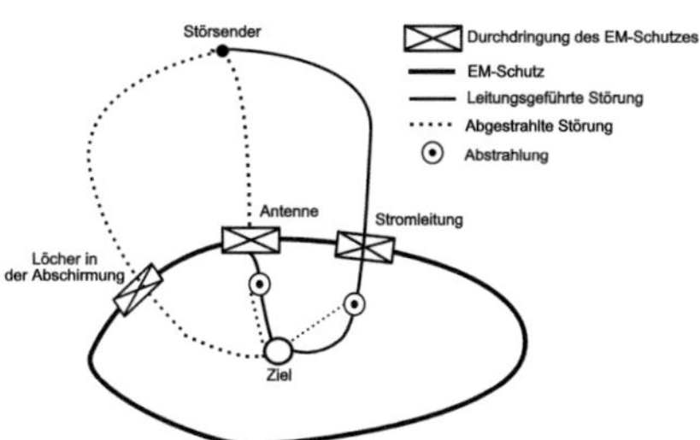

Bild 2.1.: Topologische Darstellung eines Systems [IEC04b]

Um die Auswirkungen von HPEM-Störungen beschreiben und abschätzen zu können, ist es notwendig die Abstrahlung und die Interaktionen innerhalb eines Systems anschaulich darstellen zu können. Ein Ansatz ist dabei die elektromagnetisch topologische Darstellung des Systems. Dabei werden die verschiedenen Hindernisse und Pfade mit den jeweiligen Abschwächungen dargestellt. In Bild 2.1 ist ein Beispiel einer solchen topologischen Darstellung eines Systems gegeben. Nach dem Eindringen in ein fremdes System muss die Störstrahlung noch möglichst effizient in eine Schaltung einkoppeln. Der Frequenzbereich von 200 MHz bis 5 GHz (1,5 m bis 6 cm Wellenlänge) eignet sich hierzu, da sehr viele Geräte Abmessungen im Bereich der verwendeten Wellenlängen besitzen.

2.2.2. Auswirkung auf die Elektronik

Es gibt zwei Möglichkeiten eine Wirkung zu erzielen. Man kann einerseits das fremde System in seiner Funktion stören oder hindern, oder man beschädigt die Elektronik, was hauptsächlich durch eine Überhitzung der Bauteile oder durch eine Spannungsüberlastung der Halbleiterübergänge erreicht wird. Für letzteres sind sehr hohe elektrische Feldstärken notwendig, welche sich im Bereich über 1 kV/m bewegen.

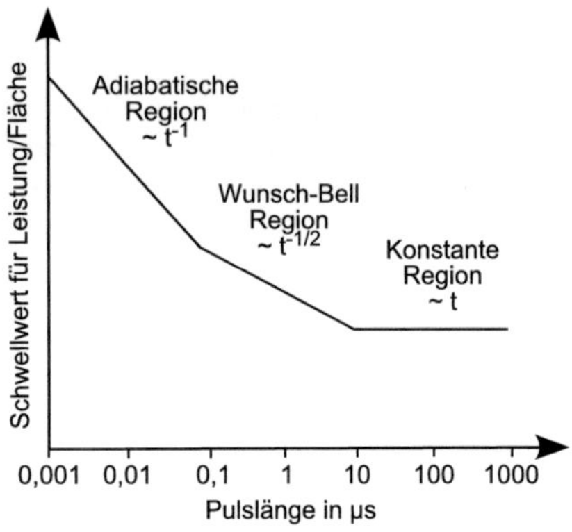

Bild 2.2.: Schwellwert-Leistung für verschiedene Pulslängen

Fehler in Halbleiterbauteilen aufgrund thermischer Effekte entstehen, wenn sie auf eine Temperatur von 600° bis 800° gebracht werden [BSS07]. Das kann zu einer dauerhaften Zerstörung der Elektronik führen. Man unterscheidet je nach Pulslänge drei verschiedene Regionen für die Schwellwertleistung für einen einzelnen Puls um eine Fehlfunktion der Elektronik hervorzurufen (Bild 2.2). In der adiabatischen Region ist die Schwellwertleistung antiproportional zur Pulsdauer, d.h. die notwendige Energie für die Zerstörung des Halbleiters bleibt konstant. Adiabatisch bedeutet, dass keine Energie mit der Umgebung ausgetauscht wird. In der Wunsch-Bell-Region findet bereits ein Wärmeaustausch des Ziels mit der Umgebung statt, was bedeutet, dass mit zunehmender Pulsdauer immer mehr Energie notwendig ist, um den Halbleiter zu zerstören. Die Schwellwertleistung ist dort nur noch antiproportional zur Wurzel der Pulsdauer. Ab ca. 10μs bleibt die Schwellwertleistung sogar konstant, unabhängig von der Pulsdauer. Für Systeme, bei denen die benötigte Energie minimiert werden muss, sind also kurze Pulse in der adiabatischen Region sinnvoll. Die Pulsdauer für einen Puls im Bereich von 200 MHz bis 5 GHz liegt im Bereich kleiner 1 ns, d.h. in der adiabatischen Region.

Sehr kurze Pulse haben den Vorteil, dass sie keine Energie mit der Umgebung austauschen, während lange Pulse einen niedrigen Schwellwert für die Leistung besitzen. Wünschenswert wären kurze Pulse und ein niedriger Schwellwert. Um dies zu erreichen kann man transiente mit einer gewissen Pulswiederholfrequenz aussenden. Aus Bild 2.2 lässt sich erkennen, dass ab ca. einer Pulslänge von 10 μs die Energie vollständig mit der Umgebung ausgetauscht wird. Ist die Pulswiederholrate also größer 100 kHz (10 μs Zeit zwischen den Pulsen), kann die Wärme nicht vollständig an die Umgebung abgegeben werden und staut sich an (sog. *thermal stacking*). Diese kontinuierliche Temperaturerhöhung senkt wiederum den Schwellwert für die Pulsleistung. Man kann also auch mit Pulsleistungen unterhalb des eigentlichen Schwellwertes Halbleiter zerstören, wenn die Bestrahlungsdauer und die Pulswiederholfrequenz hoch genug sind.

Ein weiterer Vorteil kurzer Pulse besteht darin, dass sie z.B. bei CMOS-Bauteilen einen sogenannnten Latch-up [Kel99] hervorrufen können. Dabei geht der Halbleiterübergang in einen niederohmigen Zustand über, was zu einem hohen Strom durch die Sperrschicht und letztlich zur Zerstörung des Bauteils führen kann [TS02].

2.2.3. Notwendige Feldstärken

Es gibt viele Untersuchungen zur Störanfälligkeit bei schmalbandigen Signalen, aber nur wenige für impulsartige Signale, wie sie von HPEM-Systemen verwendet werden. Generell lässt sich sagen, dass bei höheren Frequenzen größere Feldstärken notwendig sind um Störungen hervorzurufen, da die Eindringtiefe in die zu störenden Systeme mit der Frequenz abnimmt.

Computerplatinen und Mikroprozessoren werden ungeschirmt bei schmalbandigen HPM Signalen ab ca. 30 V/m anfällig für Störungen, welche aber noch keinen Totalausfall der Geräte bedeuten. Der Grund für die Störanfälligkeit bei diesen Feldstärken ist, dass die Testanforderungen für Immunität gegenüber elektromagnetischen Feldern von der IEC für schmalbandige Signale zu kleiner 10 V/m für Frequenzen größer als 80 MHz spezifiziert sind. Für breitbandige, kurze Signale werden Tests bis zu 2 kV/m durchgeführt [Rad04]. Für militärische Zwecke sind die Anforderungen höher, dort sind normalerweise einige kV/m notwendig [BL04].

In den Arbeiten [CG04], [CG06], [CM04], [Sab09] finden sich Untersuchungen für die Störanfälligkeit von verschiedenen Geräten für HPEM-Signale. Dabei ergab sich ein Wirkbereich von 4 - 25 kV/m. Der Bereich der Haupteinkopplung in moderne Mikrocontroller wurde im Bereich von 100 MHz bis 1 GHz festgestellt.

Ultrabreitbandige Signale benötigen eine höhere Feldstärke als schmalbandige HPM-Signale in der passenden Frequenz um eine Störung zu verursachen, da diese bei der jeweiligen Resonanzfrequenz eine kleinere spektrale Leistungsdichte besitzen. Tests mit UWB-Signalen ergeben ein uneinheitliches Bild. Die Ergebnisse sind u.a. abhängig von der anliegenden Schirmung, der Pulswiederholfrequenz und der Polarisation. In [CGN01, CG04] wurden für Mikroprozessor Boards Schwellwerte von 4 - 12 kV/m festgestellt. In [NC04] wurden für Mikrocontroller 7,5 kV/m und für PC-Netzwerke 200 V/m benötigt, um eine Störung hervorzurufen. In [CM04] dagegen werden für Mikroprozessor Boards und PC-Netzwerke erst ab 6 kV/m Störungen festgestellt.

Obwohl die moderne Elektronik mit immer kleineren Spannungen auskommt, ist nicht anzunehmen, dass die Empfindlichkeit für HPEM-Störungen steigt, da ebenfalls immer mehr Wert auf Störfestigkeit und Abschirmung gelegt wird.

2.2.4. Auswirkung auf den Menschen

Die Auswirkungen elektromagnetischer Strahlung auf den Menschen sind hauptsächlich thermischer Natur. Der Körper absorbiert die Strahlung und erhitzt. Vor allem im Frequenzbereich von 400 MHz bis 3 GHz findet eine starke Absorbtion elektromagnetischer Strahlung statt. Eine Besonderheit sind gepulste Signale, die neben der Erwärmung noch weitere Effekte hervorrufen, welche mit CW-Signalen nicht auftreten [Gir04].

In der 26. Verordnung zur Durchführung des Bundes-Immissionsschutzgesetzes von 1997 wurden die Immissionsgrenzen in Tabelle 2.3 für die Allgemeinheit festgelegt [BIS97]. Die Grenzwerte enstprechen der Empfehlung der *International Commission on non-ionizing radiation protection* (ICNIRP). Angegeben sind die Effektivwerte der Feldstärke, quadratisch gemittelt über 6-Minuten Intervalle.

Frequenz in MHz	Feldstärke in V/m
10 - 400	27,5
400 - 2.000	$1{,}375 \cdot \sqrt{f/\mathrm{Hz}}$
2.000 - 300.000	61

Tabelle 2.3.: Gesetzliche Grenzwerte

Bei gepulster Leistung darf der Spitzenwert das 32-fache der Grenzwerte nicht überschreiten. Das wären ab 2 GHz dann ca. 2 kV/m und bei 200 - 400 MHz 880 V/m. Für die Störung und Zerstörung elektronischer Apparate sind teilweise höhere Spitzenfeldstärken notwendig, weshalb davon auszugehen ist, dass eine Gefährdung für den Menschen bestehen kann.

2.3. Arrayfaktor für Antennengruppen

Nachdem im vorigen Abschnitt allgemein die Auswirkungen von HPEM-Impulsen anhand einer Literaturstudie dargestellt wurde, wird in diesem Abschnitt die Theorie zur Behandlung von Antennengruppen dargestellt. Antennengruppen sind notwendig, um die transienten elektrischen Impulse richtungsgebündelt einzusetzen.

2.3.1. Allgemeine Formulierung

Gegeben sind N Antennenelemente, die sich jeweils an der Position r_i befinden (siehe Bild 2.3). Jedes Element erzeugt im Fernfeld ein elektrisches Feld der Form:

$$E_i(r,\theta,\psi) = \sqrt{\frac{P_\mathrm{t} G_\mathrm{t} Z_\mathrm{F0}}{2\pi}} \, C_i(\theta,\psi) \frac{e^{-jkR_i}}{R_i} \tag{2.2}$$

Dabei gibt R_i den Abstand zwischen dem Antennenelement i und dem Beobachtungspunkt P im Fernfeld an und ist gegeben durch:

$$R_i = \sqrt{(x - x_i)^2 + (y - y_i)^2 + (z - z_i)^2} \tag{2.3}$$

$C_i(\theta,\phi)$ ist dabei die Elementrichtcharakteristik des i-ten Einzelelements. Für große Entfernungen von der Antenne kann dabei das R_i im Nenner durch R ersetzt werden:

$$R = \sqrt{x^2 + y^2 + z^2} \tag{2.4}$$

Das R_i im Phasenterm kann nach [Mai94] unter der Bedingung, dass die Antenne im Ursprung zentriert ist und P genügend weit vom Ursprung entfernt ist, approximiert werden als:

$$R_i \approx R - \hat{r} \cdot r_i \tag{2.5}$$

Dabei gilt:

$$r_i = \begin{pmatrix} x_i \\ y_i \\ z_i \end{pmatrix} \tag{2.6}$$

$$\hat{r} = \begin{pmatrix} \sin(\theta)\cos(\psi) \\ \sin(\theta)\sin(\psi) \\ \cos(\theta) \end{pmatrix} \tag{2.7}$$

$\hat{r}$ ist der Einheitsvektor in Richtung des Punktes P im Fernfeld.

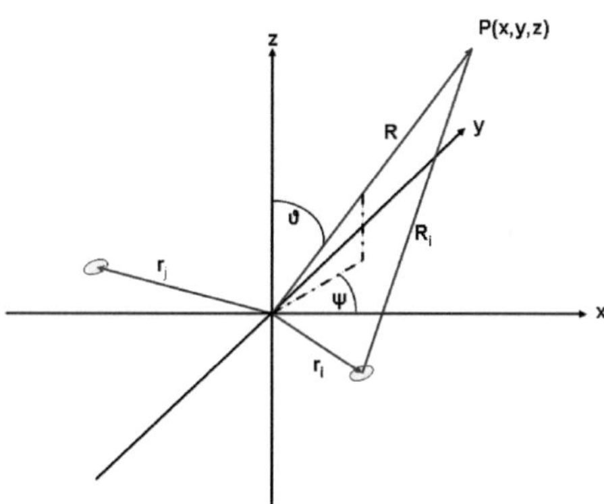

Bild 2.3.: Allgemeine Anordnung einer Antennengruppe

An der Darstellung mit dem Skalarprodukt aus dem Richtungsvektor des Antennenelements und dieses Einheitsvektors lässt sich erkennen, dass nur eine Wegdifferenz entsteht, wenn diese beiden Vektoren nicht orthogonal sind. (Das Skalarprodukt zweier orthogonaler

Vektoren ergibt immer null.) Somit ergibt sich aus den Gleichungen (2.2) und (2.5) das vom Element i erzeugte Fernfeld als

$$E_i(r,\theta,\psi) = \sqrt{\frac{P_t G_t Z_{F0}}{2\pi}} C_i(\theta,\psi) \frac{e^{-jkR}}{R} e^{+jk\hat{r}\cdot r_i} \tag{2.8}$$

Für eine beliebige Antennengruppe ergibt sich dann aus der Superposition der Einzelfelder der Gleichung (2.8) das erzeugte Gesamt-Fernfeld als:

$$E(r,\theta,\psi) = \sqrt{\frac{P_t Z_{F0}}{2\pi}} \frac{e^{-jkR}}{R} \sum_i a_i \sqrt{G_{t,i}} C_i(\theta,\psi) e^{+jk\hat{r}\cdot r_i} \tag{2.9}$$

Dabei sind die komplexen Koeffizienten $a_i = |a_i|\, e^{-j\beta}$ die Elementgewichtungen der Einzelelemente, die proportional zu deren Speiseströmen sind [Zwi09].

Für Einzelelemente mit gleicher Richtcharakteristik $C(\theta,\phi) = C_i(\theta,\phi)$ ergibt sich dann das Fernfeld der Gruppe als

$$E(r,\theta,\psi) \propto \underbrace{\frac{e^{-jkR}}{R}}_{\text{Entfernungsfaktor}} \cdot \underbrace{C(\theta,\psi)}_{\text{Elementfaktor}} \cdot \underbrace{\sum_i a_i e^{+jk\hat{r}\cdot r_i}}_{\text{Gruppenfaktor}} \tag{2.10}$$

Es zeigt sich, dass das von einer Antennengruppe erzeugte Fernfeld proportional ist zu dem Produkt der Elementrichtcharakteristik und des Gruppenfaktors. Dieses Produkt ergibt dann also die Gesamtrichtcharakteristik der Antennengruppe.

$$C_{Gr}(\theta,\psi) = C(\theta,\psi) \cdot F_{Gr}(\theta,\psi) \tag{2.11}$$

2.3.2. Gruppenfaktor einer linearen Antennengruppe

Für eine auf der z-Achse äquidistant angeordnete Antennengruppe mit dem Elementabstand d_z ergibt sich:

$$r_i = \begin{pmatrix} 0 \\ 0 \\ id_z \end{pmatrix} \tag{2.12}$$

Damit ergibt sich aus dem Skalarprodukt von (2.7) und (2.12) $\hat{r}\cdot r_i = id_z\cos(\theta)$ und somit für den Gruppenfaktor:

$$F_{Gr}(\theta) = \sum_{i=0}^{N} a_i e^{+jkid_z\cos(\theta)} \tag{2.13}$$

2.3.3. Kontinuierliche Quellen

Der Gruppenfaktor einer linearen Antenne, die auf der z-Achse angeordnet ist, ist gegeben durch (2.13). Wenn man die Zahl der Elemente auf einer gleichbleibenden Länge erhöht, dann nähert sich die Gruppe einer kontinuierlichen Quelle an. Dabei geht dann die Summation in ein Integral über [Bal97].

Für eine kontinuierliche lineare Quelle der Länge L, die symmetrisch auf der z-Achse verteilt ist ergibt sich dann, abgeleitet aus (2.13):

$$F_{\mathrm{Gr}}(\theta) = \int_{-\frac{L}{2}}^{\frac{L}{2}} a_i(z')e^{+jkz'\cos(\theta)}dz' \tag{2.14}$$

2.3.4. Allgemeine Formulierung

Durch eine unterschiedliche Ansteuerung der Antennenelemente, d.h. Variation der a_i kann der Gruppenfaktor einer Gruppenantenne variiert werden. Dabei wird unterschieden zwischen Belegungsfunktion (*Tapering*), d.h. Variation der Amplitude der a_i und Strahlschwenkung (*Beamsteering*), das durch Variation der Phase der a_i entsteht. Insgesamt kann man so eine erwünschte Form des Gruppenfaktors erzeugen.

Der Gruppenfaktor ist nach (2.10) gegeben durch

$$F_{\mathrm{Gr}}(\theta,\psi) = \sum_i a_i e^{+jk\hat{r}\cdot r_i} \tag{2.15}$$

Um den Gruppenfaktor in einer bestimmten Richtung (θ_0,ϕ_0) zu maximieren, muss man die komplexen Antennengewichte

$$a_i = |a_i|\,e^{-j\beta} = |a_i|\,e^{-jk\hat{r}_0\cdot r_i} \tag{2.16}$$

an den jeweiligen Antennen anlegen [Mai94].

$\hat{r}_0$ ist dabei der Einheitsvektor in die gewünschte Vorzugsrichtung.

$$\hat{r}_0 = \begin{pmatrix} \sin(\theta_0)\cos(\psi_0) \\ \sin(\theta_0)\sin(\psi_0) \\ \cos(\theta_0) \end{pmatrix}$$

In Schwenkrichtung (θ_0,ψ_0) löschen sich dann die Phasenterme der Gleichungen (2.15) und (2.16) jeweils aus und es ergibt sich:

$$F_{\mathrm{Gr}}(\theta_0,\psi_0) = \sum_i |a_i| = \max\left\{F_{\mathrm{Gr}}(\theta,\psi)\right\}$$

Für ein ideales Speisenetzwerk ergibt sich eine verlustlose Leistungsaufteilung auf die N Pfade und für die Beträge der Anregungsspannungen ergibt sich dann:

$$|a_i| \propto \frac{1}{\sqrt{N}}$$

Das Maximum des Gruppenfaktors folgt zu:

$$\max\left\{F_{\mathrm{Gr}}(\theta,\psi)\right\} \propto N\frac{1}{\sqrt{N}} = \sqrt{N} \tag{2.17}$$

Daraus ergibt sich ein Gewinn des Gruppenfaktors in Hauptstrahlrichtung von:

$$G_{\mathrm{Gr}} = 20\log(\sqrt{N}) = 10\log(N) \tag{2.18}$$

2.3.5. *Beamforming* einer linearen Gruppenantenne

Nach (2.13) gilt für den Gruppenfaktor einer auf der z-Achse angeordneten Gruppenantenne:

$$F_{\mathrm{Gr}}(\theta) = \sum_{i=0}^{N} a_i e^{+jkid_z \cos(\theta)}$$

Um den Beam zum gewünschten Winkel θ_0 zu lenken, muss also die folgende Phasenbelegung an die N Elemente angelegt werden:

$$\beta_i = kid_z \cos(\theta_0)$$

Damit ergibt sich für die Elementgewichtungen

$$a_i = |a_i|\, e^{-jkid_z \cos(\theta_0)} \tag{2.19}$$

und daraus folgt für den Gruppenfaktor

$$F_{\mathrm{Gr}}(\theta) = \sum_{i=0}^{N} |a_i|\, e^{-jkid_z \cos(\theta_0)} \cdot e^{+jkid_z \cos(\theta)}$$
$$= \sum_{i=0}^{N} |a_i|\, e^{jkid_z (\cos(\theta)-\cos(\theta_0))} \tag{2.20}$$

mit $\max\left\{F_{\mathrm{Gr}}(\theta_0)\right\} = \sum_i |a_i|$.

2.3.6. Antennenansteuerung zum Beamforming

Um den Beam in eine bestimmte Richtung zu lenken, sind die einzelnen Elemente einer Antennengruppe mit einem Phasenversatz anzusteuern.

In einer linearen Gruppe mit äquidistant verteilten Einzelelementen muss man nach (2.19) das Element an der Position $z = d_z$ mit dem Phasenunterschied

$$\beta = kd_z \cos(\theta_0)$$

zum Element an der Position $z = 0$ belegen.

Mit der Wellenzahl

$$k = \frac{2\pi}{\lambda_0} = \frac{2\pi f}{c_0}$$

ergibt sich

$$\beta = \frac{2\pi}{\lambda_0} d_z \cos(\theta_0) = \frac{2\pi f}{c_0} d_z \cos(\theta_0) \tag{2.21}$$

Aus (2.21) erkennt man, dass man um den Beam für verschiedene Frequenzen an die gleiche Position θ_0 zu lenken, frequenzabhängig einen unterschiedlichen Phasenversatz β anlegen muss.

2.3.7. *Phased Arrays*

Phased Arrays nennt man Antennengruppen, deren Einzelelemente durch bestimmte Schaltnetzwerke mit unterschiedlichen Phasen belegt werden. Der Phasenunterschied wird dabei durch Phasenschieber, die ein bestimmtes Signal um eine feste Phase β verändern, erzeugt. Beispiele sind Ferritphasenschieber und Halbleiterdiodenphasenschieber [Sko90].

Prinzipielle Beschränkungen der Bandbreite

Die Bandbreite eines *Phased Arrays* hängt von den verwendeten Komponenten, wie z.B. Antennen, Phasenschieber und Speisenetzwerke, welche das Array bilden, ab. In der Praxis sind häufig nicht die Antennen selbst die beschränkenden Elemente, sondern die beiden letztgenannten Komponenten [Han98, Sko90].

Lineare Antennengruppen

In dem Beispiel der auf der z-Achse angegeordneten Antennengruppe erzeugt ein Phasenunterschied β am Element $z = d_z$ zum Element $z = 0$ einen Beam in Richtung

$$\theta_0 = \arccos\left(\frac{\beta c_0}{2\pi d_z f}\right) \tag{2.22}$$

Aus (2.22) ist direkt ersichtlich, dass für 2 Frequenzen f_1 und f_2 unterschiedliche Beam-Richtungen θ_1 und θ_2 erzeugt werden.

In (2.22) ist erkennbar, dass eine von der Designfrequenz f_0 abweichende Frequenz in einer phasengesteuerten Antennengruppe ein Strahlmaximum in einer anderen Richtung erzeugt.

Bei breitbandigen Anwendungen führt dieses Phänomen zum *Beam Squint*, dem Schielen des Beams beim Abweichen von der Design-Frequenz des Systems. Je breitbandiger das System, desto stärker variiert die Strahlrichtung. Wenn also eine konstanter Beam-Winkel für eine breitbandige Anwendung gefordert ist, benötigt man ein System, das den jeweiligen Antennen eine frequenzabhängige Phasenbelegung anstatt einer festen Phasenbelegung, wie sie durch Phasenschieber erzeugt wird, auflegt.

2.3.8. *True Time Delay*

Um einen frequenzunabhängigen Scan-Winkel θ zu erzeugen, muss das Antennenelement nach Gleichung (2.21) mit einem Phasenunterschied $\beta(f) \sim f$ belegt werden. Eine Möglichkeit einen Phasenunterschied proportional zur Frequenz zu erzeugen, ist, das Ansteuerungssignal um die frequenzkonstante Zeit τ zu verzögern. Diese konstante Zeitverzögerung kann man erreichen, indem man das Signal über eine zusätzliche Leitung der Länge L in einem bestimmten Medium mit Permittivität ϵ_r leitet. Dabei muss sich die elektromagnetische Welle als TEM-Welle ausbreiten, da die Phasengeschwindigkeiten anderer Moden nicht dispersionsfrei sind [Col90].

Die frequenzkonstante Phasengeschwindigkeit des TEM-Modes in einem Medium mit Permittivität ϵ_r beträgt

$$v_{\mathrm{ph}} = \frac{c_0}{\sqrt{\epsilon_r}}$$

Die Ausbreitung einer elektromagnetischen Welle über eine Strecke L in diesem Medium erzeugt dann eine Phasenverschiebung

$$\beta = \frac{2\pi}{\frac{\lambda_0}{\sqrt{\epsilon_r}}} L = 2\pi \frac{f\sqrt{\epsilon_r}}{c_0} L \tag{2.23}$$

Setzt man die Gleichung (2.23) in Gleichung (2.22) ein

$$\begin{aligned} \theta_0 &= \arccos\left(\frac{c_0}{2\pi d_z f}\beta\right) \\ &= \arccos\left(\frac{c_0}{2\pi d_z f}\frac{2\pi f\sqrt{\epsilon_r}L}{c_0}\right) \\ &= \arccos\left(\frac{\sqrt{\epsilon_r}L}{d_z}\right) \end{aligned} \tag{2.24}$$

so erkennt man, dass der durch eine Leitungslänge L erzeugte frequenzabhängige Phasenunterschied β einen frequenzunabhängigen Scan-Winkel θ_0 zur Folge hat.

Da die zusätzliche Leitungslänge L eine Zeitverzögerung

$$\tau = \frac{\sqrt{\epsilon_r}L}{c_0} \tag{2.25}$$

erzeugt, die frequenzunabhängig ist, spricht man von *True Time Delay*.

Der Winkel des Hauptmaximums in Abhängigkeit des *Time Delay* τ ergibt sich als

$$\theta_0 = \arccos(\frac{\tau c_0}{d_z}) \tag{2.26}$$

In (2.26) ist erkennbar, dass die Strahlrichtung unabhängig von der Frequenz konstant bleibt.

2.3.9. *Grating Lobes*

In schmalbandigen, phasengesteuerten Arrays dürfen die einzelnen Elemente im Array nur höchstens einen Abstand von einer Wellenlänge haben, sie müssen also nah beieinander liegen, da ansonsten Hauptnebenmaxima, sogenannte *Grating Lobes* im Richtdiagramm erscheinen. *Grating Lobes* sind ein Effekt aufgrund eines *Aliasing* der räumlichen Frequenz, wenn das Array nicht fein genug abgetastet wird (Siehe Anhang A.5). Die Winkelauflösung eines Antennenarrays ist dabei eine Funktion der Aperturgröße und der Frequenz. Will man also ein Antennenarray mit einer hohen Winkelauflösung haben, steigt die Anzahl der benötigten Elemente im Array quadratisch mit der Aperturbreite.

Ist ein Array sehr spärlich besetzt und wird es nur mit Pulsen angesteuert, treten diese *Grating Lobes* nicht auf [AC91]. Die einzelnen Pulse sind abseits der Hauptstrahlrichtung bereits zeitlich getrennt und können keine *Grating Lobes* mehr formen. Pulsansteuerung benötigt man, wenn man ein Signal mit einer instantanen hohen Bandbreite erzeugen will. Um die Auflösung eines solchen Arrays zu erhöhen, müssen die Elemente nur in einem größeren Abstand voneinander platziert werden, ohne dass mehr Elemente benötigt werden, da kein maximaler Elementabstand existiert. Die Anzahl der Elemente bestimmen lediglich das Niveau der Nebenmaxima.

2.4. Antennensysteme im Zeitbereich

Die Verwendung von Hochfrequenzsystemen für ultrabreitbandige, impulsbasierte Anwendungen stellt neue Anforderungen an die Charakterisierung dieser Systeme. Es ist nicht ausreichend, Antennen und deren Speisenetzwerke nur über deren Frequenzgang zu charakterisieren. Vielmehr muss auch der Phasengang betrachtet werden, der jedoch im klassischen Maß Antennengewinn nicht enthalten ist [Sör07].

Eine umfassende Charakterisierung der Antennen und Antennensysteme erfordert vielmehr eine Betrachtung der komplexen Übertragungsfunktion H, die den Frequenzganz und den Phasengang beinhaltet, oder der zugeordneten Impulsantwort h. Die Impulsantwort dient dabei als Maß zur Beschreibung des Systems im Zeitbereich. Die Antenne oder das Speisesystem wird dabei als lineares zeitinvariantes System beschrieben.

2.4.1. Lineare zeitinvariante Systeme

Ein lineares zeitinvariantes (LTI) System ist durch seine Impulsantwort $h(t)$ vollständig charakterisiert [KJ05]. Die Impulsantwort ist dabei die Antwort des Systems auf den Dirac-Impuls $\delta(t)$. Sie ist mit der Übertragungsfunktion $H(\omega)$ über die Fouriertransformation verknüpft.

$$H(\omega) = \int_{-\infty}^{\infty} h(t)e^{-j\omega t}dt \tag{2.27}$$

Das Ausgangssignal $y_\mathrm{a}(t)$ ergibt sich als Faltung des Eingangssignals $y_\mathrm{e}(t)$ mit der Impulsantwort $h(t)$.

$$y_\mathrm{a}(t) = \int_{-\infty}^{\infty} y_\mathrm{e}(\tau)h(t-\tau)d\tau = y_\mathrm{e}(t) * h(t) \tag{2.28}$$

Entspricht die Impulsantwort $h(t)$ dem Dirac-Impuls $\delta(t)$, so bildet das System das Eingangssignal $y_\mathrm{e}(t)$ unverändert auf das Ausgangssignal $y_\mathrm{a}(t)$ ab.

$$y_\mathrm{a}(t) = y_\mathrm{e}(t) * \delta(t) = y_\mathrm{e}(t) \tag{2.29}$$

Ein Dirac-Impuls lässt sich physikalisch jedoch nicht realisieren. Ein System, welches das Übertragungsverhalten eines Dirac-Stoßes annähert, verzerrt somit das Eingangssignal nicht.

2.4.2. Beschreibung einer Antenne als LTI-System

Auf die Beschreibung von Antennen als LTI-System soll hier nur soweit eingegangen werden, wie es für die Herleitung eines Zeitbereichs-Gruppenfaktors nötig ist. Eine ausführlichere Betrachtung findet sich in [Sör07].

Antennen können systemtheoretisch wie lineare Übertrager beschrieben werden, die durch ihre Übertragungsfunktion $H(\omega)$ bzw. Impulsantwort $h(t)$ charakterisiert sind. Im Sendefall verknüpft die Sendeimpulsantwort h^Tx die Anregespannung u^Tx der Antenne mit der zeitabhängigen elektrischen Feldstärke $e(t)$ an einem Punkt im Fernfeld. Im Empfangsfall verknüpft die Empfangsimpulsantwort h^{Rx} die elektrische Feldstärke e am Fernfeldtor mit der Empfangsspannung u^{Rx} an der Antenne.

Im Sendefall ergibt sich abgeleitet aus den Maxwell-Gleichungen

$$e(t,\theta,\psi) = \frac{1}{r}\delta\left(t - \frac{r}{c_0}\right) * \frac{d}{dt}h^{\mathrm{Tx}}(t,\theta,\psi) * \sqrt{\frac{Z_{\mathrm{F0}}}{Z_{\mathrm{Z0}}}}u^{\mathrm{Tx}}(t) \tag{2.30}$$

(2.30) liefert die zu (2.2) analoge Beschreibung im Zeitbereich.

2.4.3. Beschreibung von Antennengruppen im Zeitbereich

Analog zur Herleitung des Gruppenfaktors im Frequenzbereich (2.10) kann nun auch ein Gruppenfaktor im Zeitbereich hergeleitet werden.

Aufgrund der Linearität der Maxwell-Gleichungen werden die Feldstärkebeiträge jedes einzelnen Antennenelements einer Gruppe superponiert. Für das Fernfeld einer Antennengruppe im Sendefall ergibt sich somit

$$e_{\mathrm{ges}}(t,\theta,\psi) = \sum_i \frac{1}{r_i}\delta\left(t - \frac{r_i}{c_0}\right) * \frac{d}{dt}h_i^{\mathrm{Tx}}(t,\theta,\psi) * \sqrt{\frac{Z_{\mathrm{F0}}}{Z_{\mathrm{L0}}}}u_i^{\mathrm{Tx}}(t) \tag{2.31}$$

Es werden nun folgende Vereinfachungen getroffen. Die Antennen sind gleich orientiert. Für die Beobachtung im Fernfeld sind alle Abstandsterme ungefähr gleich groß ($r_i \approx r$). Außerdem werden Effekte wie die Verkopplung der Antennen vernachlässigt.

Für die Anregungen der einzelnen Antennen kann folgende Näherung aufgestellt werden.

$$u_i^{\mathrm{Tx}}(t) = u^{\mathrm{Tx}}(t) * h_i(t) \tag{2.32}$$

$u^{Tx}(t)$ ist dabei das Eingangssignal eines Speisenetzwerks, das auf die einzelnen Antennen aufgeteilt wird. Die Übertragung in den einzelnen Pfaden des Speisenetzwerks wird jeweils durch die Impulsantwort $h_i(t)$ eines jeden Übertragungspfads beschrieben. Das Blockschaltbild eines solchen Speisenetzwerks ist in Bild 2.4 dargestellt.

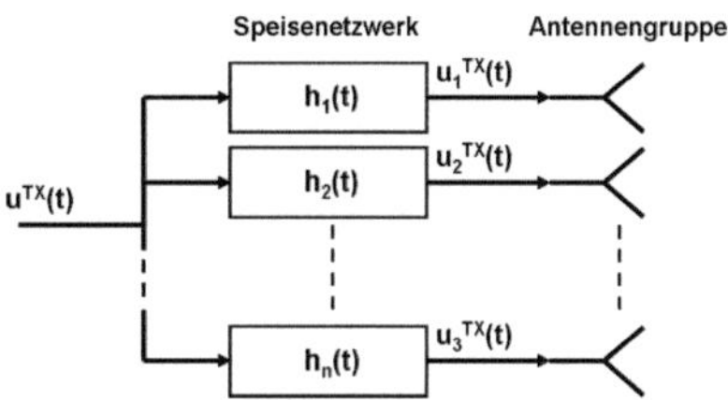

Bild 2.4.: Blockschaltbild des Speisenetzwerks einer Antennengruppe

Für einen idealen, passiven Leistungsteiler mit einstellbaren *Time Delays* $\tau_{\mathrm{feed},i}$ und N Ausgängen würden sich folgende Impulsantworten ergeben:

$$h_i(t) = \frac{1}{\sqrt{N}}\delta(t - \tau_{\mathrm{feed},i})$$

Mit den getroffenen Vereinfachungen ergibt sich aus (2.31) nun

$$e_{\text{ges}}(t,\theta,\psi) = \frac{1}{r}\frac{d}{dt}h^{\text{Tx}}(t,\theta,\psi) * \sqrt{\frac{Z_{\text{F0}}}{Z_{\text{L0}}}}u^{\text{Tx}}(t) * \underbrace{\sum_i \delta\left(t - \frac{r_i}{c_0}\right) * h_i(t)}_{\text{Zeitbereichsgruppenfaktor}} \qquad (2.33)$$

Es kann somit eine Gruppenimpulsantwort h_{Gr} angegeben werden, die sich aus der Faltung der Antennenimpulsantwort des Einzelelements mit dem Zeitbereichsgruppenfaktor f_{Gr} ergibt:

$$h_{\text{Gr}} = h * f_{\text{Gr}}$$

Der Zeitbereichsgruppenfaktor lässt sich folglich ausschreiben als

$$f_{\text{Gr}} = \sum_i h_i(t) * \delta\left(t - \frac{r_i}{c_0}\right) \qquad (2.34)$$

$\tau_{r,i} = \frac{r_i}{c_0}$ beschreibt dabei die Zeitverzögerung des Signals von einem einzelnen Antennenelement zu einem Beobachtungspunkt im Fernfeld. Die $h_i(t)$ beschreiben die Zeitverzögerungen der einzelnen Antennenanregungen zueinander, sowie die Verzerrung des Anregungssignals durch das Speisenetzwerk.

Für den idealen, passiven Leistungsteiler ergibt sich somit für den Zeitbereichsgruppenfaktor

$$f_{\text{Gr}}(t) = \frac{1}{\sqrt{N}} \sum_i^N \delta\left(t - \tau_{\text{feed},i}\right) * \delta\left(t - \frac{r_i}{c_0}\right)$$

$$= \frac{1}{\sqrt{N}} \sum_i^N \delta\left(t - \frac{r_i}{c_0} - \tau_{\text{feed},i}\right)$$

Der Zeitbereichsgruppenfaktor bietet folglich eine anschauliche Beschreibung für *Beamforming* durch *True Time Delay*. An jenem Punkt im Fernfeld, an dem sich gleiche Zeitverzögerungen aller Signalpfade ergeben, gilt:

$$\frac{r_i}{c_0} + \tau_{\text{feed},i} = \text{const.}$$

Somit superponieren dort alle Einzelfelder zum exakt selben Zeitpunkt und es ergibt sich das Maximum für den Zeitbereichsgruppenfaktor.

2.5. Gütekriterien im Frequenzbereich

Die Gütekriterien im Frequenzbereich beziehen sich auf die Analyse von Amplituden- und Phasengang über der Frequenz, also der Transmissions-S-Parameter. Da insbesondere die Phasentreue für ultrabreitbandige Systeme von entscheidender Bedeutung ist, stellt die Gruppenlaufzeit das geeignete Maß zur Charakterisierung der zu untersuchenden Systeme dar.

2.5.1. Standardabweichung der Gruppenlaufzeit

Die Standardabweichung der Gruppenlaufzeit beschreibt die Signalverzerrung, die ein Signal nach dem Durchlaufen eines Systems erfährt. Hätte das System einen linearen Phasengang, wäre die Gruppenlaufzeit konstant.

Besitzt ein System einen konstanten Amplituden- und einen linearen Phasengang, so beschreibt die Gruppenlaufzeit die Zeit, die ein Signal braucht um durch dieses System zu propagieren.

Die Gruppenlaufzeit ist definiert als die Ableitung der Phase nach der Frequenz:

$$\tau_{\mathrm{G}}(\omega) = -\frac{d\varphi(\omega)}{d\omega} \tag{2.35}$$

Relative Gruppenlaufzeit:

$$\tau_{\mathrm{G,rel}} = \tau_{\mathrm{G}}(\omega) - \overline{\tau}_{\mathrm{G}} \tag{2.36}$$

Mittlere Gruppenlaufzeit:

$$\overline{\tau}_{\mathrm{G}} = \frac{1}{\omega_1 - \omega_2} \int_{\omega_1}^{\omega_2} \tau_{\mathrm{G}} \mathrm{d}\omega \tag{2.37}$$

Ist die Gruppenlaufzeit innerhalb eines Frequenzbandes nicht konstant, so wird das Signal verzerrt. Ein Maß für die Konstanz der Gruppenlaufzeit ist die Standardabweichung der Gruppenlaufzeit in dem spezifizierten Frequenzband $[\omega_1, \omega_2]$:

$$\sigma_{\tau_{\mathrm{G}}} = \sqrt{\frac{1}{\omega_2 - \omega_1} \int_{\omega_1}^{\omega_2} (\tau_{\mathrm{G}} - \overline{\tau}_{\mathrm{G}})^2 \mathrm{d}\omega} \tag{2.38}$$

2.6. Gütekriterien im Zeitbereich

Für die Zeitbereichsgütekriterien wurden die Definitionen aus [Sör07] übernommen.

2.6.1. Spitzenwert der Impulsantwort

Die Antennenimpulsantwort h ist eine reelle Größe, welche über eine Faltung die Eingangsspannung u_{e} direkt mit Ausgangsspannung u_{a} verknüpft (Gl. 2.39).

$$u_{\mathrm{a}} = h * u_{\mathrm{e}} \tag{2.39}$$

Der Spitzenwert der Impulsantwort h_{max} ist proportional zum Spitzenwert der Empfangsspannung.

$$h_{\mathrm{max}} = \max_{t} |h| \tag{2.40}$$

2.6.2. Zeitliche Halbwertsbreite

Für die Bestimmung der zeitlichen Halbwertsbreite und der nachfolgenden Gütekriterien wird die Einhüllende der Impulsantwort d.h. die analytische Impulsantwort betrachtet [KJ05]:

$$h^+ = (h + j\mathcal{H}\{h\})$$

(2.41)

Dabei steht $\mathcal{H}\{h\}$ für die Hilbert-Transformierte von h. Die Einhüllende $|h^+|$ lokalisiert dabei die Energie des Signals über der Zeit. Nulldurchgänge des Signals treten aufgrund des Imaginärteils mit der Hilbert-Transformierten hier nicht auf. Die Einhüllende wird erst Null, wenn die Energie des Signals Null wird. Die zeitliche Halbwertsbreite τ_{FWHM} (engl. *full width at half maximum*) der Einhüllenden der Impulsantwort wird folgendermaßen definiert:

$$\tau_{\text{FWHM}} = t_2\big|_{|h_{\text{co}}^+(t_2)|=\max\{|h_{\text{co}}^+|\}/2} - t_1\big|_{|h_{\text{co}}^+(t_1)|=\max\{|h_{\text{co}}^+|\}/2 \text{ und } t_2>t_1}$$

(2.42)

τ_{FWHM} ist die im besten Fall auftretende Impulsverbreiterung bei Anregung mit einer Dirac-Distribution und stellt somit das Minimum der zeitlichen Breite eines Signals dar, das die Antenne verlässt.

2.6.3. Nachschwingen

Als Nachschwingen τ_{r} (engl. *ringing*) bezeichnet man die Zeit, die die Einhüllende der Impulsantwort benötigt, um von ihrem Maximalwert $\max\{|h_{\text{co}}^+|\}$ auf einen Bruchteil $0 < \alpha < 1$ abzufallen:

$$\tau_{\text{r},\alpha} = t_2\big|_{|h_{\text{co}}^+(t_2)|=\alpha \cdot \max\{|h_{\text{co}}^+|\}} - t_1\big|_{|h_{\text{co}}^+(t_1)|=\max\{|h_{\text{co}}^+|\}}$$

(2.43)

Ein typischer Wert für α ist 0,22 [Sör07].

2.6.4. Impulsverbreiterung

Die Impulsverbreiterung (engl. *delay spread*) wird berechnet, indem über die Abweichungen von der mittleren Verzögerungszeit, gewichtet mit dem Quadrat des Betrags der Impulsantwort, integriert und anschließend normiert wird:

$$\tau_{\text{DS}} = \sqrt{\frac{\int\limits_{-\infty}^{+\infty} (t - \overline{\tau}_{\text{D}})|h_{\text{co}}|^2 \mathrm{d}t}{\int\limits_{-\infty}^{+\infty} |h_{\text{co}}|^2 \mathrm{d}t}} \quad \text{mit} \quad \overline{\tau}_{\text{D}} = \frac{\int\limits_{-\infty}^{+\infty} t\,|h_{\text{co}}|^2 \,\mathrm{d}t}{\int\limits_{-\infty}^{+\infty} |h_{\text{co}}|^2 \,\mathrm{d}t}$$

(2.44)

Mit der Impulsverbreiterung wird das dispersive Verhalten (d.h. die Verbreiterung des Signals aufgrund von Laufzeitunterschieden unterschiedlicher Spektralanteile) beschrieben. Im Gegensatz zur zeitlichen Halbwertsbreite handelt es sich hier um ein integrales Maß und es wird nicht die Einhüllende, sondern das Signal selbst betrachtet. Anders ausgedrückt beschreibt diese Größe wie stark zeitlich verschmiert das Signal ist.

2.6.5. Impulsanstiegzeit

Gemäß Tabelle 2.2 ist die Anstiegszeit der Impulse ein entscheidendes Gütemaß für HPEM-Impulse. Die Anstiegszeit wird definiert als die Zeit, welche der Impuls benötigt um von 10 % des Maximums auf 90 % des Maximums anzusteigen. Hierbei wird in dieser Arbeit die Einhüllende des analytischen Signals zugrunde gelegt.

3. Die Rotman-Linse als Realisierung von *True-Time-Delay Beamforming*

3.1. Einleitung

Die Rotman-Linse nach [Rot63] ist eine Weiterentwicklung der von Ruze [Ruz50] beschriebenen Linse. Die Linsen werden als *constrained lenses* bezeichnet, was bedeutet, dass die EM-Wellen sich nicht frei sondern gezwungen durch die Linse bewegen. Sie werden in Kabeln oder Leitungen von einer Seite der Linse zur anderen Seite geführt (siehe Bild 3.1(a)).

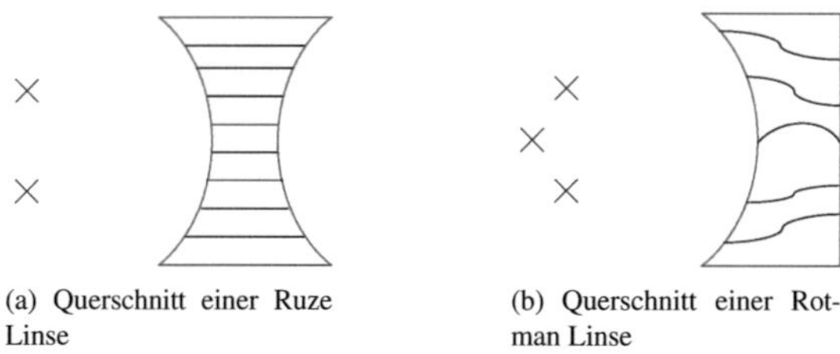

(a) Querschnitt einer Ruze Linse

(b) Querschnitt einer Rotman Linse

Bild 3.1.: Vergleich Ruze- und Rotman- Linse

Die Neuerung der Rotman-Linse ist dabei, dass zusammengehörende Anschlüsse auf den beiden Linsen-Seiten nicht den gleichen Abstand zur Symmetrieachse haben müssen und dass die Verbindung zwischen diesen Anschlüssen eine variable Länge hat, was Rotman durch flexible Koaxialleitungen erreicht.

Durch diese neu eingeführten Freiheitsgrade lässt sich erreichen, dass die Außenfläche der Linse gerade ist, und dass die Linse drei statt zwei Brennpunkte besitzt [Rot63]. Die gerade Außenfläche lässt sich somit direkt als lineare Antennengruppe nutzen (siehe Bild 3.1(b)).

3.2. Geometrischer Aufbau der Rotman Linse

In der Literatur und den verschiedenen Veröffentlichungen über die Rotman-Linse findet man eine Vielzahl unterschiedlicher Bezeichungen und vereinzelt auch fehlerhafte Ergebnisse. Um im Folgenden Klarheit über alle Bezeichungen zu erreichen, werden diese in diesem Kapitel eingeführt. Da in der Literatur meistens auch nur die Ergebnisse der Design-Gleichungen dargestellt werden, wird deren Herleitung komplett durchgeführt.

3.2.1. Luftgefüllte Parallelplattenregion

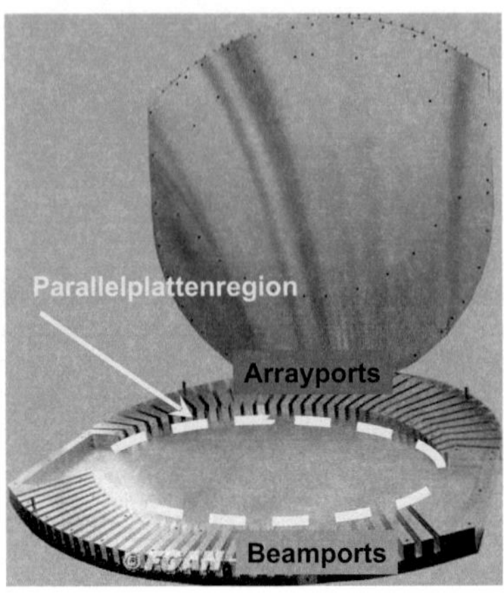

Bild 3.2.: Realisierung einer Rotman Linse in Hohlleitertechnik (Quelle: FGAN)

Die Herleitung der geometrischen Gleichungen der Linse und daraus der Design-Gleichungen erfolgt zuerst analog zu [Rot63] für eine mit Luft bzw. Vakuum gefüllte Parallelplattenregion, wie sie bei einer Rotman Linse in Hohlleitertechnik (Bild 3.2) vorkommt. Die Parallelplattenregion stellt den Bereich zwischen den Brennpunkten (Beamports) und der inneren Linsenkontur (Arrayports) dar.

In Bild 3.3 wird der Aufbau der Linse verdeutlicht. Die Ausgänge der Rotman-Linse liegen auf einer geraden Kontur und die Innenfläche hat eine beliebige Form, die dem Punkt $P(x,y)$ folgt. Paarweise Anschlüsse auf Außen- und Innenkontur sind durch Leitungen der beliebigen Länge W verbunden. Die Anschlüsse O_1 und O_2 sind mit einer Leitung der Länge W_0 verbunden.

Die drei Fokusse F_1, G und F_2 erzeugen Beams in die Richtungen $-\alpha$, 0 und α. Dabei werden mögliche Ausbreitungspfade durch die Punkte O_1, O_2 auf der Symmetrieachse und durch die Punkte P, Q berücksichtigt.

Um mit den von den drei Fokussen ausgehenden Zylinderwellen die passenden Beams zu erzeugen, folgen drei Bedingungen für die Weglängen:

$$\overline{(F_1 P)} + W + N\sin(\alpha) = F + W_0 \tag{3.1a}$$

$$\overline{(F_2 P)} + W - N\sin(\alpha) = F + W_0 \tag{3.1b}$$

$$\overline{(GP)} + W = G + W_0 \tag{3.1c}$$

Für die drei metrischen Weglängen $\overline{(F_1 P)}$, $\overline{(F_2 P)}$ und $\overline{(GP)}$ lassen sich die folgenden geo-

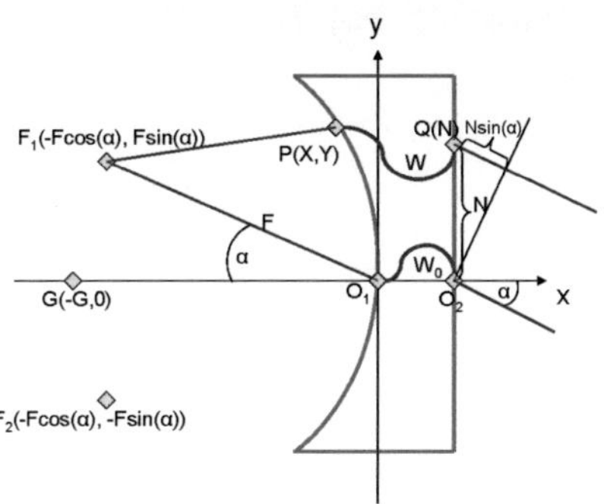

Bild 3.3.: Geometrischer Aufbau der Rotman Linse

metrischen Gleichungen aufstellen:

$$\overline{(F_1P)}^2 = (F\cos(\alpha) + X)^2 + (F\sin(\alpha) - Y)^2$$
$$= F^2 + X^2 + Y^2 + 2FX\cos(\alpha) - 2FY\sin(\alpha) \tag{3.2a}$$

$$\overline{(F_2P)}^2 = (F\cos(\alpha) + X)^2 + (F\sin(\alpha) + Y)^2$$
$$= F^2 + X^2 + Y^2 + 2FX\cos(\alpha) + 2FY\sin(\alpha) \tag{3.2b}$$

$$\overline{(GP)}^2 = (G + X)^2 + Y^2 \tag{3.2c}$$

Jetzt werden einige auf die Länge F normierte Größen eingeführt.

$$\eta = \frac{N}{F},$$
$$x = \frac{X}{F},$$
$$y = \frac{Y}{F},$$
$$w = \frac{W - W_0}{F},$$
$$g = \frac{G}{F},$$
$$1 = \frac{F}{F}$$

Außerdem gilt im Folgenden:

$$a_0 = \cos(\alpha),$$
$$b_0 = \sin(\alpha)$$

Nach Normierung der Gleichungen (3.1) erhält man:

$$\frac{\overline{(F_1 P)}^2}{F^2} = (1 - b_0\eta - w)^2 \tag{3.5a}$$
$$= 1 + b_0^2\eta^2 + w^2 - 2b_0\eta - 2w + 2b_0\eta w$$

$$\frac{\overline{(F_2 P)}^2}{F^2} = (1 + b_0\eta - w)^2 \tag{3.5b}$$
$$= 1 + b_0^2\eta^2 + w^2 + 2b_0\eta - 2w - 2b_0\eta w$$

$$\frac{\overline{(GP)}^2}{F^2} = (g - w)^2 = g^2 - 2gw + w^2 \tag{3.5c}$$

Analog erhält man nach Normierung von (3.2):

$$\frac{\overline{(F_1 P)}^2}{F^2} = 1 + x^2 + y^2 + 2a_0 x - 2b_0 y \tag{3.6a}$$

$$\frac{\overline{(F_2 P)}^2}{F^2} = 1 + x^2 + y^2 + 2a_0 x + 2b_0 y \tag{3.6b}$$

$$\frac{\overline{(GP)}^2}{F^2} = (g + x)^2 + y^2 \tag{3.6c}$$

Durch Gleichsetzen der jeweils passenden Gleichungen von (3.5) und (3.6) ergibt sich:

$$x^2 + y^2 + 2a_0 x - 2b_0 y = b_0^2\eta^2 + w^2 - 2b_0\eta - 2w + 2b_0\eta w \tag{3.7a}$$
$$x^2 + y^2 + 2a_0 x + 2b_0 y = b_0^2\eta^2 + w^2 + 2b_0\eta - 2w - 2b_0\eta w \tag{3.7b}$$
$$2gx + x^2 + y^2 = -2gw + w^2 \tag{3.7c}$$

Das Ziel ist es, aus diesen Gleichungen, bei gegebenen Werten für α, G und F, Werte für die Kabellänge W in Abhängigkeit des Abstands zur Symmetrieebene N, sowie die Form der inneren Kontur der Linse, also X und Y in Abhängigkeit von N zu erhalten.

Subtraktion der Gleichungen (3.7a) und (3.7b) und anschliessendes Teilen durch $4b_0$ liefert:

$$y = \eta(1 - w) \tag{3.8}$$

Addition von (3.7a) und (3.7b) und anschliessendes Teilen durch 2 liefert:

$$x^2 + y^2 + 2a_0 x = b_0^2\eta^2 + w^2 - 2w \tag{3.9}$$

Subtraktion von (3.7c) und (3.9) ergibt:

$$2a_0 x - 2gx = b_0^2\eta^2 - 2w + 2gw,$$

und somit:

$$x = \frac{b_0^2\eta^2 - 2w + 2gw}{2a_0 - 2g} \tag{3.10}$$

$$= \frac{b_0^2\eta^2}{2(a_0 - g)} + \frac{w(g - 1)}{a_0 - g} \tag{3.11}$$

Um nun noch eine Bestimmungsgleichung für w zu finden werden die Gleichungen (3.11) und (3.8) in (3.7c) eingesetzt.

$$2g\frac{b_0^2\eta^2 - 2w + 2gw}{2a_0 - 2g} + (\frac{b_0^2\eta^2 - 2w + 2gw}{2a_0 - 2g})^2 + \eta^2(1-w)^2 = -2gw + w^2$$

Durch Ausmultiplizieren und Umsortieren erhält man folgende quadratische Gleichung für w:

$$aw^2 + bw + c = 0 \tag{3.12}$$

mit:

$$a = 1 - \eta^2 - (\frac{g-1}{g-a_0})^2$$

$$b = 2g\frac{g-1}{g-a_0} - b_0^2\eta^2\frac{g-1}{(g-a_0)^2} + 2\eta^2 - 2g$$

$$c = \frac{gb_0^2\eta^2}{g-a_0} - \frac{b_0^4\eta^4}{4(g-a_0)^2} - \eta^2$$

Nach [Kat84] wählt man aus der zweideutigen Lösung der quadratischen Gleichung folgendermaßen aus:

Fall 1: $b < 0$

$$w = \frac{-b - \sqrt{b^2 - 4ac}}{2a}$$

Fall 2: $b \geq 0$

$$w = \frac{-b + \sqrt{b^2 - 4ac}}{2a}$$

Für die gegebenen Parameter α und g, kann man somit nach (3.12) w in Abhängigkeit von η berechnen, also die Kabellänge W in Abhängigkeit der Position N des Antennenports. Mit passenden Paaren von w und η kann man nun nach (3.8) und (3.11) y und x bestimmen, also die innere Kontur der Linse, sowie die Positionen der zu den Antennenports gehörigen Ports auf der inneren Kontur. Somit ist die Form der Linse bei gegebenen Fokussen F_1, G und F_2 eindeutig bestimmt.

3.2.2. Mit Substrat gefüllte Parallelplattenregion

Rotman-Linsen werden oft auf dielektrischem Substratmaterial realisiert (Bild 3.4), da sich die Abmessungen proportional zu $1/\sqrt{(\epsilon_r)}$ verhalten (μ_r wird zu 1 angenommen). Die Region zwischen den Fokussen und der Linse, die Parallelplattenregion, wird durch eine obere und untere Leiterschicht erzeugt. Die Leitungsstücke der Länge W, werden als Mikrostreifenleitungen ausgeführt. Um deren elektrische Länge genau zu berücksichtigen, muss man die effektive Permittivität $\epsilon_{r,\text{eff}}$ des Substrats bei gegebener Substratdicke und Leiterbreite bestimmen [Bal89].

Gleichzeitig wird noch eine weitere Veränderung am Grund-Design der Linse vorgenommen. Der vom Speisepunkt F_1 erzeugte Abstrahlwinkel β kann jetzt vom Winkel α, den F_1

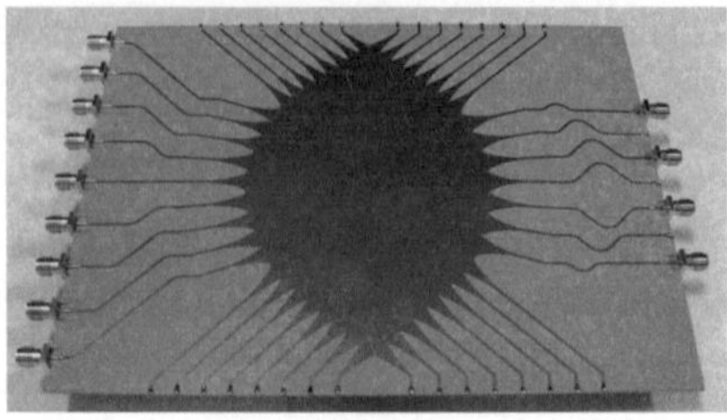

Bild 3.4.: Realisierung einer Rotman Linse in Mikrostreifenleitungstechnik

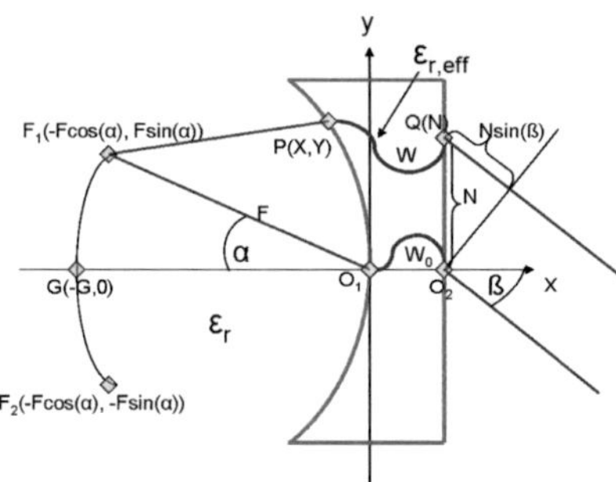

Bild 3.5.: Geometrischer Aufbau der mit Substrat gefüllten Rotman Linse

mit der Symmetrieachse bildet, abweichen. Das Verhältnis $\gamma = \frac{\sin(\beta)}{\sin(\alpha)}$, in [Sim04] als *expansion factor* bezeichnet, ist dabei frei wählbar, und nicht wie in [Gag89] durch ϵ_r festgelegt. Dies ergibt dann eine weitere Designvariable, die zur Optimierung genutzt werden kann.

Für die auf Substrat realisierte Linse ergeben sich jetzt neue Gleichungen für die Weglängen analog zu (3.1).

$$\sqrt{\epsilon_r} \cdot \overline{(F_1 P)} + \sqrt{\epsilon_{r,\text{eff}}} \cdot W + N \cdot \sin(\beta) = \sqrt{\epsilon_r} \cdot F + \sqrt{\epsilon_{r,\text{eff}}} \cdot W_0 \qquad (3.13a)$$

$$\sqrt{\epsilon_r} \cdot \overline{(F_2 P)} + \sqrt{\epsilon_{r,\text{eff}}} \cdot W - N \cdot \sin(\beta) = \sqrt{\epsilon_r} \cdot F + \sqrt{\epsilon_{r,\text{eff}}} \cdot W_0 \qquad (3.13b)$$

$$\sqrt{\epsilon_r} \cdot \overline{(GP)} + \sqrt{\epsilon_{r,\text{eff}}} \cdot W = \sqrt{\epsilon_r} \cdot G + \sqrt{\epsilon_{r,\text{eff}}} \cdot W_0 \qquad (3.13c)$$

Die Gleichungen für die 3 metrischen Weglängen $\overline{(F_1 P)}$, $\overline{(F_2 P)}$ und $\overline{(GP)}$ bleiben unverändert zu (3.2).

Zwei Normierungen werden jetzt, ähnlich wie in [Kat84], unterschiedlich gewählt:

$$\overline{\eta} = \frac{1}{\sqrt{\epsilon_\mathrm{r}}} \frac{b_1}{b_0} \frac{N}{F}, \tag{3.14}$$

$$\overline{w} = \frac{\sqrt{\epsilon_\mathrm{r,eff}}}{\sqrt{\epsilon_\mathrm{r}}} \frac{W - W_0}{F}, \tag{3.15}$$

$$\tag{3.16}$$

Dabei gilt jetzt zusätzlich zu den Definitionen von a_0 und b_0:

$$b_1 = \sin(\beta)$$

Durch die Wahl dieser Normierungen erhält man aus den Gleichungen (3.13) nach Teilen durch $\sqrt{\epsilon_\mathrm{r}}F$, umsortieren und anschliessendem Quadrieren:

$$\frac{\overline{(F_1 P)}^2}{F^2} = (1 - b_0\overline{\eta} - \overline{w})^2 \tag{3.17a}$$

$$\frac{\overline{(F_2 P)}^2}{F^2} = (1 + b_0\overline{\eta} - \overline{w})^2 \tag{3.17b}$$

$$\frac{\overline{(GP)}^2}{F^2} = (g - \overline{w})^2 \tag{3.17c}$$

Bei Vergleich mit den Gleichungen (3.5) erkennt man, dass die neuen Gleichungen durch die geschickte Wahl der neuen Normierungen $\overline{\eta}$ und $\overline{w}$ synchron zu lösen sind. Die Lösungen lassen sich somit direkt angeben:

Die quadratische Gleichung für $\overline{w}$:

$$a\overline{w}^2 + b\overline{w} + c = 0 \tag{3.18}$$

mit:

$$a = 1 - \overline{\eta}^2 - \left(\frac{g-1}{g-a_0}\right)^2$$

$$b = 2g\frac{g-1}{g-a_0} - b_0^2\overline{\eta}^2\frac{g-1}{(g-a_0)^2} + 2\overline{\eta}^2 - 2g$$

$$c = \frac{gb_0^2\overline{\eta}^2}{g-a_0} - \frac{b_0^4\overline{\eta}^4}{4(g-a_0)^2} - \overline{\eta}^2$$

Die Bestimmungsgleichung für y:

$$y = \overline{\eta}(1 - \overline{w})$$

Sowie die Bestimmungsgleichung für x:

$$x = \frac{b_0^2\overline{\eta}^2}{2(a_0 - g)} + \frac{\overline{w}(g-1)}{a_0 - g}$$

3.2.3. *Array Ports* - Ausgangsports aus der Parallelplattenregion

Durch die somit gegebenen Gleichungen können die zu den Einzelelementen einer Antennengruppe gehörenden Kabellängen W_i, und die damit verbundenen Anschlüsse auf der inneren Kontur der Linse, die Array Ports, die als Ausspeisepunkte aus der Parallelplattenregion dienen, berechnet werden. Die Gleichungen werden hier für den allgemeineren Falls der mit Substrat gefüllten Parallelplattenregion angegeben, da der Fall der luftgefüllten Parallelplattenregion daraus abgeleitet werden kann (für $\epsilon_r = 1$, $\epsilon_{r,\text{eff}} = 1$).

Ein Einzelelement im Abstand N_i zur Symmetrieachse wird mit einer Leitung der Länge

$$W_i = \sqrt{\frac{\epsilon_r}{\epsilon_{r,\text{eff}}}}\,\overline{w_i}F \tag{3.19}$$

mit dem dazugehörenden Array Port auf den Koordinaten

$$X_i = \left(\frac{b_0^2\overline{\eta_i}^2}{2(a_0 - g)} + \frac{\overline{w_i}(g - 1)}{a_0 - g}\right) F \tag{3.20}$$

und

$$Y_i = (\overline{\eta_i}(1 - \overline{w_i}))F \tag{3.21}$$

verbunden.

Dabei wird das zum N_i passende η_i nach (3.15) berechnet, das $\overline{w_i}$ wird nach (3.18) berechnet.

3.3. Form des *Focal Arc* - zusätzliche Speisepunkte

Wenn eine Speisung(*Beam Port*) auf irgendeinen der drei Fokusse gesetzt wird, haben die dazugehörigen erzeugten Wellenfronten keinen Pfadlängen-Fehler und damit auch keinen Phasenfehler. Wenn jedoch eine Speisung an irgendeinem anderen Punkt positioniert wird, hat die daraus entstehende Wellenfront einen Phasenfehler.

Da jedoch drei Abstrahlrichtungen für die meisten Systeme nicht ausreichend sind, werden weitere Speisepunkte benötigt, die weitere Abstrahlwinkel erzeugen. In Bild 3.6 ist zu erkennen, wie zusätzliche Speisungen positioniert werden können. Ein Bogen, der die drei Fokusse verbindet, wird in der Literatur meistens als *Focal Arc* bezeichnet, und soll auch hier im Folgenden so genannt werden.

Nach [Rot63] werden die drei Fokusse durch einen Kreisbogen verbunden und weitere Speisepunkte auf diesen Kreisbogen legt. Es gibt viele Formen des *Focal Arc*, wobei das Ziel dabei meist die Minimierung des mittleren Phasenfehler ist.

3.3.1. *Circular Focal Arc*

In [Rot63] wird eine kreisförmige Kontur vorgeschlagen. Durch den Wert $g = \frac{G}{F}$, wird der Radius und die Position des Mittelpunkts bestimmt. Durch die Variation von g kann man die

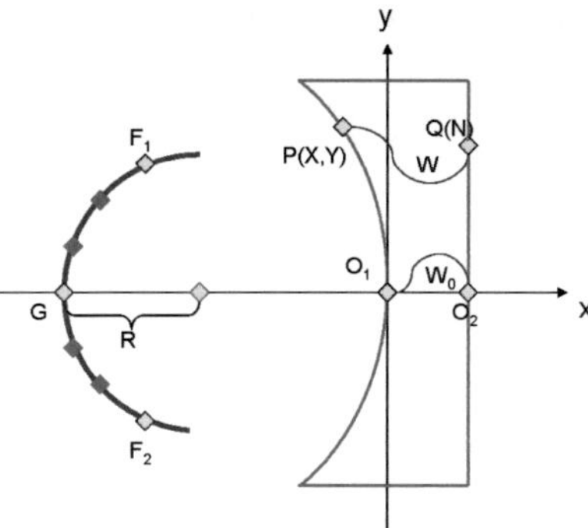

Bild 3.6.: Hinzufügen von weiteren Speisungen auf einem *Focal Arc*

Phasenfehler der zusätzlichen auf diesem Kreisbogen angebrachten Speisepunkte minimieren. Als optimalen Wert für minimale Phasenfehler ergibt sich nach [Rot63]:

$$g = \frac{G}{F} = 1 + \frac{\alpha^2}{2}$$

Für $\alpha = 30°$ ist $g = 1{,}137$.

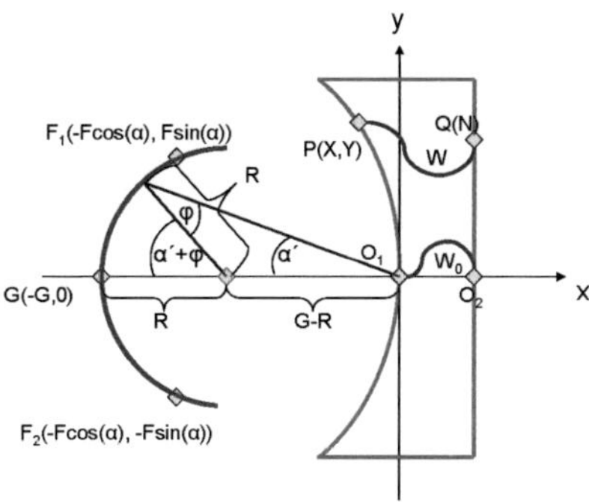

Bild 3.7.: *Circular Focal Arc*

Der Radius R des *Circular Focal Arc* kann dabei folgendermaßen berechnet werden:

$$R^2 = (Fb_0)^2 + (Fa_0 - G + R)^2$$
$$R^2 = F^2b_0^2 + F^2a_0^2 + G^2 + R^2 + 2FRa_0 - 2FGa_0 - 2GR$$
$$R(2G - 2Fa_0) = F^2b_0^2 + F^2a_0^2 + G^2 - 2FGa_0$$

Somit gilt:

$$R = \frac{(Fa_0 - G)^2 + F^2b_0^2}{2(G - Fa_0)} \tag{3.22}$$

Um den passenden Punkt auf dem Kreisbogen für eine gewünschte Beamrichtung β' zu finden geht man wie im Folgenden vor. Je nach *expansion factor* $\gamma = \frac{\sin(\beta)}{\sin(\alpha)}$ ergibt sich:

$$\alpha' = \arcsin(\frac{\sin(\beta')}{\gamma})$$

Für die in Bild 3.7 erkennbaren Winkel kann der Zusammenhang leicht überprüft werden:

$$\varphi = 180° - \alpha' - (180° - \alpha' - \varphi),$$
$$\varphi = \varphi$$

Nach dem Sinussatz gilt [Bro01]:

$$\frac{G - R}{\sin(\varphi)} = \frac{R}{\alpha'}$$

Um somit die Position des zum Abstrahlwinkel β' gehörenden Phasenzentrums zu bestimmen verwendet man folgende Formeln:

$$X_i = -G + R - R\cos(\alpha' + \varphi), \tag{3.23a}$$
$$Y_i = R\sin(\alpha' + \varphi) \tag{3.23b}$$

mit:

$$R = \frac{(Fa_0 - G)^2 + F^2b_0^2}{2(G - Fa_0)},$$

$$\alpha' = \arcsin\left(\frac{\sin(\beta')}{\gamma}\right),$$

$$\varphi = \arcsin(\frac{G - R}{R}\sin(\alpha')).$$

Dabei sind die positiven Winkel α' nach oben orientiert, die positiven β' nach unten, so dass ein Speisepunkt mit positivem α' einen positiven Abstrahlwinkel β' erzeugt.

3.3.2. *Elliptical Focal Arc*

In weiteren Veröffentlichungen wie [Sin01], [Han91] wird ein elliptischer Bogen für weitere Speisungen vorgeschlagen. Nach [Sin01] ergibt dies eine kompaktere Form bei ähnlichen Phasenfehlern. Zusätzlich zur Variation von g kann man dann durch die Variation der numerischen Exzentrizität e die Phasenfehler minimieren. Zur Bestimmung der Position und Form der Ellipse werden folgende Bezeichnungen gewählt. Die große Halbachse R_1 liegt auf der x-Achse. Die kleine Halbachse R_2 liegt parallel zur y-Achse. Der Mittelpunkt der Ellipse, also der Schnittpunkt der beiden Halbachsen, liegt bei $Y = 0$, $X = -G + R_1$. Die Lage der Ellipse und deren Halbachsen ist in Bild 3.8 zu erkennen.

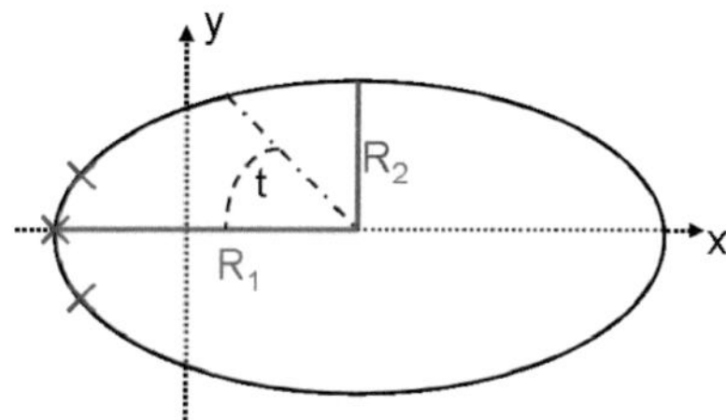

Bild 3.8.: *Elliptical Focal Arc*

Zwischen den beiden Halbachsen besteht die Beziehung

$$R_2^2 = (1 - e^2)R_1^2 \tag{3.24}$$

mit der numerischen Exzentrizität e. Mit der Ellipsengleichung [Bro01] erhält man

$$\frac{(Fa_0 - G + R_1)^2}{(R_1)^2} + \frac{(Fb_0)^2}{(R_2)^2} = 1. \tag{3.25}$$

(3.24) in (3.25) eingesetzt ergibt dann:

$$\frac{(Fa_0 - G + R_1)^2}{(R_1)^2} + \frac{(Fb_0)^2}{(1 - e^2)R_1^2} = 1$$

$$(Fa_0 - G + R_1)^2(1 - e^2) + F^2 b_0^2 = (1 - e^2)R_1^2$$

$$(F^2 a_0^2 + G^2 + R_1^2 - 2FGa_0 + 2FR_1 a_0 - 2GR_1) + F^2 b_0^2 = (1 - e^2)R_1^2$$

Durch Umsortieren und Auflösen nach R_1 erhält man:

$$R_1 = \frac{(Fa_0 - G)^2(1 - e^2) + F^2 b_0^2}{2(G - Fa_0)(1 - e^2)} \tag{3.26}$$

Durch die oben beschriebenen Festlegungen über Position der Ellipse und (3.26), sowie (3.24) ist die Ellipse somit eindeutig bestimmt.

An (3.26) kann man gut erkennen, dass die Ellipse für $e = 0$ in einen Kreis übergeht und (3.26) dann mit (3.22) übereinstimmt.

Die direkte Berechnung der Lage der zusätzlichen Speisepunkte ist dabei komplizierter als beim *Circular Focal Arc*.

Die Ellipse beinhaltet die Punkte $X_i = -G + R_1 - R_1 \cos(t)$, $Y_i = R_2 \sin(t)$, t ist dabei der Ellipsenwinkel. Um den passenden Winkel t' zum gewünschten Abstrahlwinkel β' zu finden, muss wieder zuerst wie beim *Circular Focal Arc* der zugehörige Winkel α' bestimmt werden. t' muss dann folgende Gleichung erfüllen:

$$\frac{R_2 \sin(t')}{G - R_1 + R_1 \cos(t')} = \tan(\alpha')$$

Der Vorzeichenwechsel im Nenner weist positiven α' positive t' zu. Die Gleichung wird dann umgestellt zu:

$$\underbrace{R_2}_{A} \sin(t') \underbrace{-R_1 \tan(\alpha')}_{B} \cos(t') = \underbrace{(G - R_1) \tan(\alpha')}_{C}; \tag{3.27}$$

Um diese Gleichung zu lösen werden folgende mathematischen Beziehungen eingeführt:

$$A = D \sin(z),$$
$$B = D \cos(z),$$
$$D = \pm\sqrt{A^2 + B^2},$$
$$z = \arctan\left(\frac{A}{B}\right)$$

In 3.27 eingesetzt ergibt sich

$$D \sin(z) \sin(t') + D \cos(z) \cos(t') = C.$$

Mittels trigonometrischer Umformungen [Bro01] erhält man daraus

$$C = D \cos(\pm(z - t')),$$

und somit

$$t' = z \pm \arccos(C/D). \tag{3.28}$$

In (3.28) sind durch das $\pm$ und durch das zweideutige D zwei Zweideutigkeiten vorhanden. Diese müssen aufgrund der Mehrdeutigkeiten der Winkelfunktionen richtig gewählt werden. Im hier beschriebenen Fall lauten die korrekten Lösungen wie folgt:

Fall 1: $0 \leq \alpha' < \frac{\Pi}{2}$

$$D = -\sqrt{A^2 + B^2}, \qquad\qquad t' = z + \arccos\left(\frac{C}{D}\right)$$

Fall 2: $-\frac{\Pi}{2} < \alpha' < 0$

$$D = +\sqrt{A^2 + B^2}, \qquad\qquad t' = z - \arccos\left(\frac{C}{D}\right)$$

Zusammengefasst noch einmal die Gleichungen zur Berechnung der Position eines Phasenzentrums auf dem *Elliptical Focal Arc* zu gewünschten Abstrahlwinkeln β':

$$X_i = -G + R_1 - R_1 \cos(t'), \tag{3.29a}$$

$$Y_i = R_2 \sin(t'), \tag{3.29b}$$

mit:

$$\alpha' = \arcsin\left(\frac{\sin(\beta')}{\gamma}\right),$$

und im Fall 1: $0 \leq \alpha' < \frac{\pi}{2}$

$$t' = \arctan\left(-\frac{R_2}{R_1 \tan(\alpha')}\right) + \arccos\left(\frac{(R_1 - G)\tan(\alpha')}{\sqrt{R_2^2 + (R_1 \tan(\alpha'))^2}}\right)$$

sowie im Fall 2: Fall 2: $-\frac{\pi}{2} < \alpha' < 0$

$$t' = \arctan\left(-\frac{R_2}{R_1 \tan(\alpha')}\right) - \arccos\left(\frac{(G - R_1)\tan(\alpha')}{\sqrt{R_2^2 + (R_1 \tan(\alpha'))^2}}\right)$$

3.3.3. Weitere Formen des *Focal Arc*

In [Sin98] werden noch weitere Formen für den *Focal Arc* vorgeschlagen und mit der elliptischen und der kreisförmigen Kontur verglichen, wie eine gerade Linie, eine Parabel oder hyperbolische Kurven. Danach ergibt sich für eine elliptische Form eine kompaktere Form der Parallelplattenregion bei einem vergleichbaren Phasenfehler. Die weiteren vorgeschlagenen Formen bieten keine Verbesserung. [She78] schlägt eine symmetrische Linse vor, bei der die *Array Port* und die *Beam Port* Konturen exakt die selbe Form haben. Auch die Zuleitungen werden symmetrisch ausgeführt. Dies bringt jedoch die Einschränkung, dass man die selbe Anzahl Strahlrichtungen wie Antennen haben muss.

3.4. Form einer Beispielgeometrie und deren Phasenfehler

Die in den vorangegangenen Abschnitten hergeleiteten Formeln für die geometrische Form einer Rotman Linse können nun dazu genutzt werden, um die Auswirkungen der unterschiedlichen Parameter auf die Form der *Beam* und *Array Port* Konturen zu veranschaulichen, sowie die Auswirkungen der Parameter auf die Phasenfehler zu bewerten. Eine solche Betrachtung findet sich ausführlich in [Han91]. Hier werden die Auswirkungen der wichtigsten Parameter kurz dargestellt.

Die nachfolgenden Ergebnisse werden für ein exemplarisches Beispiel erstellt. Die Systemparameter dieser Antennengruppe sind in Tabelle 3.4 dargestellt.

Antennenanzahl	7
Antennenabstand	15 cm
Strahlrichtungen	9
max. Abstrahlwinkel	45°

Tabelle 3.1.: Designspezifikationen für Beispielantennengruppe

3.4.1. Variation der Design-Parameter

Es können die folgenden Design-Parameter variiert werden, um minimale Phasenfehler und eine optimale Geometrie zu erhalten:

- Brennweite G

- Brennverhältnis g

- Ausdehnungsfaktor (*expansion factor*) γ

- numerische Exzentrizität e

Durch die Vielzahl der Variationsmöglichkeiten gibt es eine unendliche Anzahl an möglichen Formen einer Rotman Linse, die alle die selben Beamwinkel für die selbe Gruppenantenne erzeugen.

Ein erstes Beispiel für eine mögliche geometrische Form ist in Bild 3.9a dargestellt. In dieser Startgeometrie sind die 4 Design-Parameter folgendermaßen gewählt: $G = 0{,}55$m, $g = 1{,}07$, $\gamma = 1{,}6$, $e = 0$.

Ausgehend von diesem Beispiel werden jetzt die genannten Design Parameter variiert.

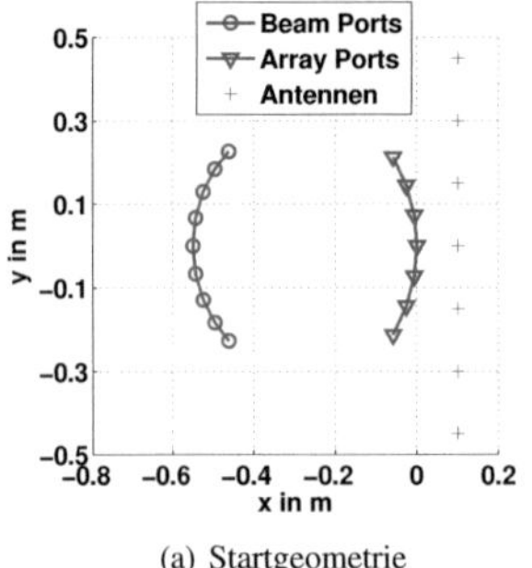

(a) Startgeometrie

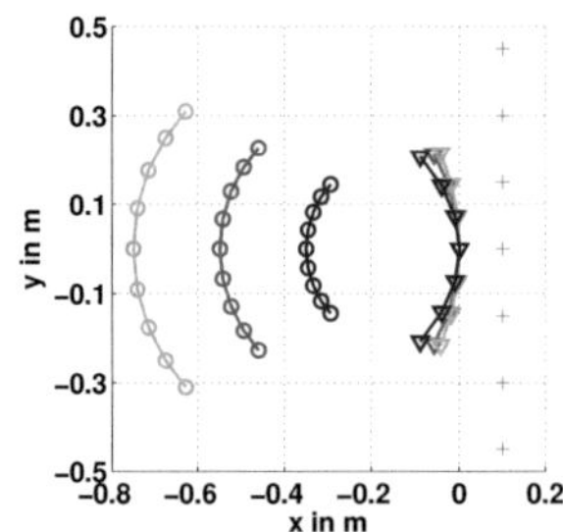

(b) Variation von G; blau: $G = 0{,}35$m, rot: $G = 0{,}55$m, grün: $G = 0{,}75$m

Bild 3.9.: Brennweite

Wenn man die Brennweite G variiert, sieht man direkt, dass sich vor allem die Ausmaße der Parallelplattenregion ändern. Es ändert sich aber auch synchron die Abmessung der *Beam*

Port Kontur in y-Richtung. Außerdem variiert auch die Form der *Array Port* Kontur mit der Brennweite G. Dargestellt sind in Bild 3.9b außer der Startgeometrie (rot) die sich ergebenden Formen für $G = 0{,}75$m (grün) und für $G = 0{,}35$m (blau). Ziel der Variation der Brennweite ist es, eine möglichst kompakte Form der Parallelplattenregion zu erhalten, jedoch mit der Einschränkung, dass sich dort noch ungestört eine TEM-Welle ausbreiten kann.

Wenn man das Brennverhältnis $g = \frac{G}{F}$ bei gleich bleibender Brennweite G variiert, siehe Bild 3.10a, verändert man folglich die zweite Brennweite F. Man erkennt, dass man mit diesem Parameter vor allem die Krümmungen beider Konturen verändert. Ein kleiner werdendes g (blau, $g = 1{,}03$) biegt die äußeren *Beam Ports* weiter nach außen. Gleichzeitig werden die äußeren *Array Ports* weiter nach innen gezogen. Ein größer werdendes g (grün, $g = 1{,}1$) erreicht das Gegenteil. Das Brennverhältnis ist damit ein wichtiger Parameter um geeignete Formen der beiden Konturen zu erhalten. Ein Optimum ergibt in der Regel ähnliche Krümmungen für beide Konturen.

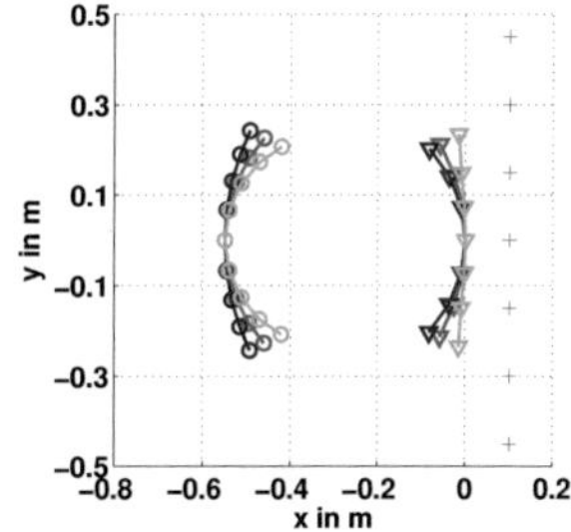

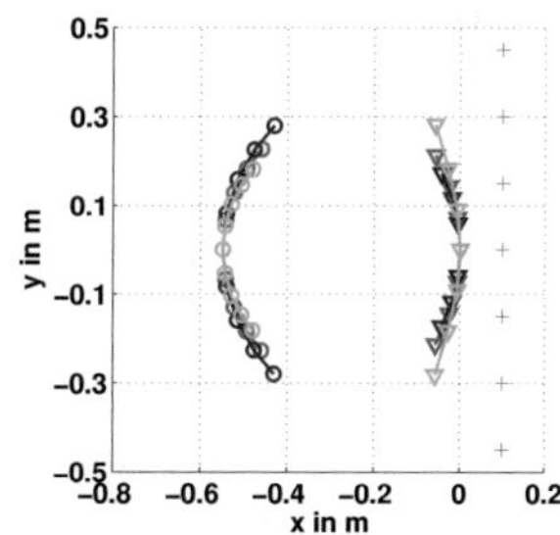

(a) Variation von *g*; blau: $g = 1{,}03$, rot: $g = 1{,}07$, grün: $g = 1{,}1$

(b) Variation von γ; blau: $G = 0{,}35$m, rot: $G = 0{,}55$m, grün: $G = 0{,}75$m

Bild 3.10.: Brennverhältnis und Ausdehnungsfaktor

Bei Variation des Ausdehnungsfaktors γ, siehe Bild 3.10b, variiert man bei gleich bleibendem maximalem Abstrahlwinkel β den Winkel α, der zusammen mit F die Position der beiden Brennpunkte F_1 und F_2 bestimmt. Ein größer werdendes γ (grün, $\gamma = 1{,}9$) sorgt folglich dafür das die beiden Brennpunkte näher zur Symmetrieachse wandern und sich die *Beam Port* Kontur dadurch zusammen staucht. Gleichzeitig wandern aber auch die äußeren *Array Ports* weiter weg von der Symmetrieachse. Der Ausdehnungsfaktor bietet somit ein wichtiges Werkzeug, um die Abmessungen beider Konturen in y - Richtung zu variieren. Zusammen mit g kann man so erreichen, dass beide Konturen sich in Krümmung und Ausdehnung ähneln.

Die Variation der numerischen Exzentrizität bietet im Ablauf des Design Prozesses am Ende die Möglichkeit, bei einer gegebenen Struktur die Phasenfehler zu minimieren. Da die Auswirkungen in einem geometrischen Plot so gut wie nicht erkennbar sind, wird hier auf eine Darstellung verzichtet.

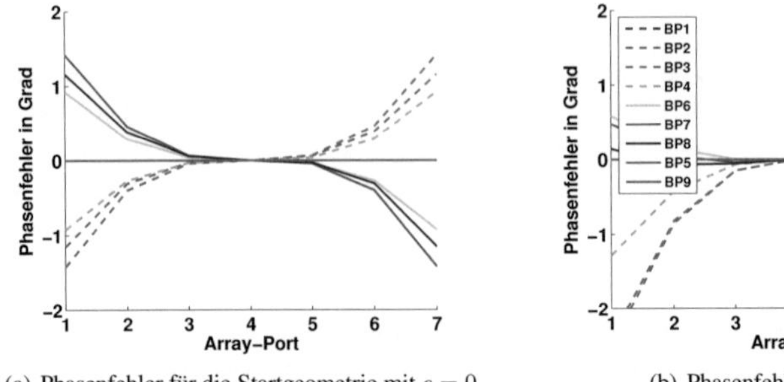

(a) Phasenfehler für die Startgeometrie mit $e = 0$ (b) Phasenfehler bei $e = 0{,}5$

Bild 3.11.: Vergleich des Phasenfehlers bei Variation von e

3.4.2. Phasenfehler der Beispielgeometrie

In Bild 3.11(a) sind die Phasenfehler aller neun *Beam Ports* für die sieben *Array Ports* dargestellt. Die Soll-Phase bezieht sich dabei auf den mittleren *Array Port*. Die Phasenfehler geben somit die Abweichung der sich ergebenden Phase an den Antennenelementen von der erwünschten Phase, die für die jeweilige Abstrahlrichtung benötigt wird, wieder. Man erkennt, dass nur sechs Kurven einen Phasenfehler aufweisen. Die weiteren drei Kurven liegen konstant auf Null, da diese die drei perfekten Brennpunkte darstellen und somit ohne Phasenfehler sind. Die Phasenfehler wurden in diesem Fall für 5 GHz berechnet.

In Bild 3.11(b) ist der Phasenfehler für die selben Parameterwerte, abgesehen von einem veränderten e dargestellt. In diesem Fall liefert eine elliptische Form des *Focal Arc* keine Verbesserung.

Es kann im Allgemeinen keine Aussage getroffen werden, wie sich verschiedene Parameter auf die Phasenfehler auswirken. In der Regel gibt es für jeden Parameter ein Optimum und man muss unter Beachtung der geometrischen Form die optimale Lösung im jeweiligen Fall auswählen. Weitere Gesichtspunkte, die man bei der Auswahl der Design-Parameter beachten muss, werden in den folgenden Kapiteln angesprochen.

Der in [Rot63] angesprochene optimale Wert $g = 1 + \alpha^2$ kann als Ausgangspunkt im Design-Verlauf dienen. Er kann aber schon allein deshalb keine optimale Lösung liefern, da in [Rot63] die Winkel α und β noch identisch sind.

Ein möglicher Weg zur Minimierung der Phasenfehler einer gegebenen Struktur ist in [Sin04] beschrieben. Dabei werden die Design-Parameter so variiert, dass der Phasenfehler für 2 weitere *Beam Ports* identisch 0 wird.

3.5. Grenzen der strahlenoptischen Überlegungen

Da die geometrische Form des Systems rein auf strahlenoptischen Überlegungen beruht, und es so konzipiert wird, dass die Wellenausbreitung mit TEM-Wellen stattfindet, ist die Rotman Linse ein *True Time Delay* System und damit breitbandig. Die Breitbandigkeit wird dann nur durch die jeweiligen Schaltelemente begrenzt, die zur Realisierung der Linse verwendet werden [Sin01], sowie durch die Grenzfrequenzen von TE- oder TM-Moden. Außerdem kann das verwendete Substratmaterial frequenzabhängige Materialparameter ϵ_r, μ_r aufweisen.

Um eine elektromagnetische Wellenausbreitung strahlenoptisch zu beschreiben gilt allgemein die Vorraussetzung, dass die Abmessungen groß gegenüber der Wellenlänge sind. Im konkreten Fall der Rotman Linse bedeutet das, dass die Systembeschreibung, die auf strahlenoptischen Überlegungen beruht, für zu kleine Abmessungen der Linse ungültig wird. In verschiedenen Veröffentlichungen wie [Sin04] werden noch Linsen mit einer Ausdehnung im Bereich von zwei bis drei Wellenlängen realisiert, so dass in diesem Bereich eine untere Grenze für die Abmessungen zu sehen ist.

Die strahlenoptischen Überlegungen berücksichtigen außerdem auch nicht, dass es innerhalb der Parallelplattenregion zu Reflexionen und Streuprozessen kommt.

Für die gängigen Hochfrequenzsubstrate kann näherungsweise von konstanten Materialparametern für die hier betrachteten Frequenzbereiche ausgegangen werden.

3.6. Ein- und Ausspeise-Ports

Die Ein- und Ausspeisung in die Parallelplattenregion findet über die *Beam* und *Array Ports* statt. Die Parallelplattenregion kann man als zweidimensionalen Freiraum betrachten, da sich dort nur eine TEM-Welle ausbreiten kann [Smi82]. Die Ports kann man dann als zweidimensionale Antennen, die eine Richtcharakteristik und einen Gewinn haben, betrachten. Für einen im Vergleich zur Wellenlänge breiten Port ergibt sich dann ein schmales Pattern, für einen schmalen Port ein breites Pattern.

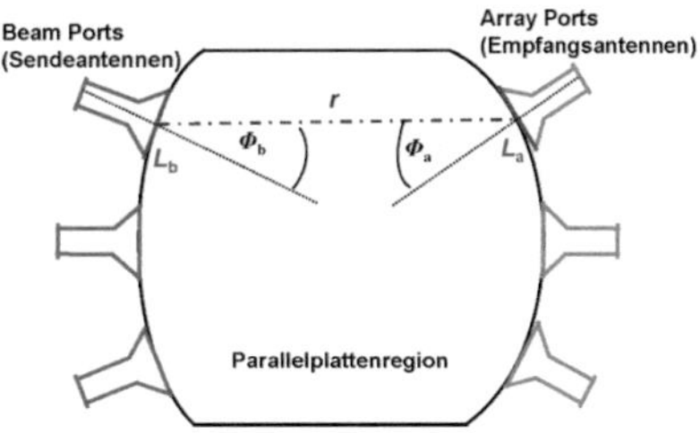

Bild 3.12.: Zweidimensionale Empfangs- und Sendeantennen, r: Entfernung der Ports, $L_{a,b}$: Breite Beam-/Arrayport, $\phi_{a,b}$: lokaler Abstrahlwinkel Beam-/Arrayport

Zu berücksichtigen ist, dass durch die nicht konstante Richtcharakteristik der Ports eine ungleiche Amplitudenbelegung an den Antennen entsteht.

3.6.1. Richtcharakteristik eines Ports

Für eine kontinuierliche lineare Quelle der Länge L, die symmetrisch auf der y-Achse verteilt ist, folgt ähnlich zu (2.14):

$$F_{\mathrm{Gr}}(\phi, \theta) = \int_{-\frac{L}{2}}^{\frac{L}{2}} a_i(y')e^{+jky'\sin(\theta)\sin(\phi)}\,dy'$$

Im Fall der zweidimensionalen Antenne und der Parallelplattenregion gibt es keine Ausdehnung in z-Richtung, damit gilt $\theta = 90°$ und somit ergibt sich:

$$F_{\mathrm{Gr}}(\phi) = \int_{-\frac{L}{2}}^{\frac{L}{2}} a_i(y')e^{+jky'\sin(\phi)}\,dy'.$$

Durch die in Näherung konstante Feldverteilung einer Mikrostreifenleitung über deren Breite, kann für die Ports gleichmäßige Speisung angenommen werden, so dass $a_i(y') = 1$ gilt.

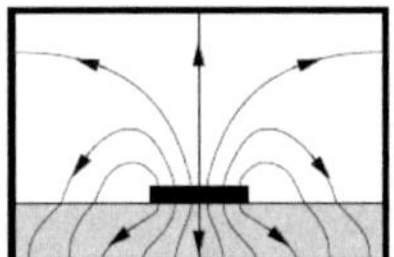

Bild 3.13.: Elektrische Feldverteilung einer Mikrostreifenleitung [Thu07]

Für eine lineare Antenne, bzw. eine als Linienquelle aufzufassende Vorderkante eines Mikrostreifentapers mit konstanter Belegung ergibt sich [Zwi09]:

$$F_{\mathrm{Gr}}(\phi_{\mathrm{a,b}}) = \frac{\sin\left(\frac{\pi L}{\lambda}\sin(\phi_{\mathrm{a,b}})\right)}{\frac{\pi L}{\lambda}\sin(\phi_{\mathrm{a,b}})} \tag{3.30}$$

Es muss der Eindeutigkeitsbereich der jeweiligen Moden betrachtet werden, denn die angegebene Verteilung des elektrischen Feldes ist nur gültig, so lange ein eindeutiges Modenbild besteht.

Für den Fall der Mikrostreifenleitung ergibt sich damit eine maximale Breite der Ports von:

$$L_{\max} = \frac{c_0}{2f_{\max}\sqrt{\epsilon_{\mathrm{r,eff}}}} \tag{3.31}$$

Für Leitungsbreiten größer als $L_{\max}$ kann sich die nächste hybrid-elektrische Mode (HE_1) ausbreiten, dadurch beschränkt sich der stabile Bereiche der Quasi-TEM-Welle (HE_0) [Thu07]. Die höheren Moden einer Mikrostreifenleitung sind stark dispersionsbehaftet.

Im Fall des Hohlleiters ist der Eindeutigkeitsbereich der TE_{10} Mode zu beachten, sowie dessen untere Grenzfrequenz, die *Cut-Off*-Frequenz f_{c}. In diesem Fall ist zu beachten, dass schon der Grundmode TE_{10} nicht dispersionsfrei ist, und dadurch die Breitbandigkeit eingeschränkt ist.

3.7. Parallelplattenregion

Der Bereich zwischen der eigentlichen Linse und dem *focal arc* wird durch 2 parallele Platten realisiert. Ist deren Abstand kleiner als $\lambda/2$, so kann sich dort nur der TEM Mode ausbreiten [SF83]. Dann ergibt sich eine Art zweidimensionaler dispersionsfreier Freiraum mit zweidimensionalen Sende- und Empfangsantennen (Beam- und Array-Ports).

Ergänzend zu den Richtcharakteristiken der Ports kann ein theoretisches Modell über die Ausbreitung der elektromagnetischen Welle in der Parallelplattenregion aufgestellt werden.

3.7.1. Leistungsübertragung von einem *Beam Port* zu einem *Array Port*

Ein *Beam Port* erzeugt bei dessen Speisung eine Leistungsflussdichte

$$S_\mathrm{r} = \frac{P_\mathrm{t} G_\mathrm{t}}{2\pi r h} \tag{3.32}$$

in einer Entfernung r von dem Port. h entspricht dem Abstand der parallelen Platten.

Ein *Array Port*, der als Empfangsantenne wirkt, entnimmt mit seiner fiktiven Antennenwirkfläche $A_\mathrm{w} = L_\mathrm{a} h$ dem Wellenfeld die Leistung

$$P_\mathrm{r} = S_\mathrm{r} A_\mathrm{w} = \frac{P_\mathrm{t} G_\mathrm{t} L_\mathrm{a}}{2\pi r}$$

In [SF83] wird analog zur Freiraumausbreitung auch ein maximaler Gewinn der Port-Apperturen hergeleitet.

$$G_\mathrm{t,r} = \frac{2\pi L_\mathrm{b,a}}{\lambda} \tag{3.33}$$

Einem *Beam Port* mit der Breite L_b wird somit ein Sendegewinn G_t zugeordnet, dementsprechend einem *Array Port* der Breite L_a ein Empfangsgewinn G_r.

Damit ergibt sich für die maximal an einem *Array Port* empfangbare Leistung

$$P_\mathrm{r} = \frac{P_\mathrm{t} G_\mathrm{t} L_\mathrm{a}}{2\pi r} = \frac{P_\mathrm{t} L_\mathrm{b} L_\mathrm{a}}{\lambda r}$$

Aus dieser Beziehung, sowie den Richtcharakteristiken der *Beam* und *Array Ports* (3.30), kann man dann allgemein das Verhältnis der von einem *Beam Port* abgestrahlten Leistung zur von einem *Array Port* empfangenen Leistung bestimmen.

$$\frac{P_\mathrm{r}}{P_\mathrm{t}} = \frac{L_\mathrm{a} L_\mathrm{b}}{\lambda r} \cdot \left(\frac{\sin\left(\frac{\pi L_\mathrm{a}}{\lambda} \sin(\phi_\mathrm{a})\right)}{\frac{\pi L_\mathrm{a}}{\lambda} \sin(\phi_\mathrm{a})} \right)^2 \cdot \left(\frac{\sin\left(\frac{\pi L_\mathrm{b}}{\lambda} \sin(\phi_\mathrm{b})\right)}{\frac{\pi L_\mathrm{b}}{\lambda} \sin(\phi_\mathrm{b})} \right)^2 \tag{3.34}$$

Dabei ist r die Entfernung des *Array Ports* zum *Beam Port*, L_a, L_b sind deren jeweilige Breite, ϕ_a und ϕ_b sind die Winkel, die der jeweilig andere Port von der Normalen zum Port abweicht, siehe Bild 3.12.

Durch (3.34) lässt sich nun eine Vorhersage über die Amplitudenbelegung der Antennengruppe machen. Mit den aus Kapitel 3.2 bekannten Kabellängen W und dem Abstand der jeweiligen *Beam* und *Array Ports* lässt sich die Phasenbelegung der Antennengruppe berechnen. Durch die Information über Amplitude und Phase kann man dann den Gruppenfaktor berechnen (2.13).

Reflexions- und Streuungsprozesse innerhalb der Linse werden dabei jedoch noch nicht berücksichtigt.

3.7.2. Anpassung eines Ports

Die Betrachtung der Ports als 2-D Antennen und der Parallelplattenregion als zweidimensionalem Freiraum erlaubt auch eine Abschätzung der Anpassung der Beam und Array Ports.

Die erzeugte Leistungsdichte eines Beam Ports in der Parallelplattenregion lässt sich nach (3.32), (3.33) und (3.30) berechnen als:

$$S_{\mathrm{r}}(r,\phi_{\mathrm{a,b}}) = \frac{P_{\mathrm{t}}}{2\pi r h}\frac{2\pi L_{\mathrm{b}}}{\lambda}\left(\frac{\sin\left(\frac{\pi L}{\lambda}\sin(\phi_{\mathrm{a,b}})\right)}{\frac{\pi L}{\lambda}\sin(\phi_{\mathrm{a,b}})}\right)^2. \tag{3.35}$$

Nach dem Reziprozitäts-Theorem ist diese Abschätzung auch für die *Array Ports* gültig.

Wenn man annimmt, dass der Port senkrecht an einer Parallelplattenregion angeordnet ist, dann kann er Leistung nur im Winkelbereich $-\frac{\pi}{2}$ bis $\frac{\pi}{2}$ abstrahlen (Bild 3.14). Eine Integration des Produkts von (3.35) mit den infinitesimalen Antennenwirkflächen $dA_{\mathrm{w}}(r,\phi) = rhd\phi$ über $-\frac{\pi}{2}$ bis $\frac{\pi}{2}$ liefert somit die gesamte abgestrahlte Leitung P_{ges}.

$$\begin{aligned}
P_{\mathrm{ges}} &= \int_{-\frac{\pi}{2}}^{\frac{\pi}{2}} S_{\mathrm{r}}(r,\phi_{\mathrm{a,b}})dA_{\mathrm{w}}(r,\phi_{\mathrm{a,b}})\\[2mm]
&= \int_{-\frac{\pi}{2}}^{\frac{\pi}{2}} \frac{P_{\mathrm{t}}}{rh}\frac{L_{\mathrm{b}}}{\lambda}\left(\frac{\sin\left(\frac{\pi L_{\mathrm{b}}}{\lambda}\sin(\phi_{\mathrm{a,b}})\right)}{\frac{\pi L_{\mathrm{b}}}{\lambda}\sin(\phi_{\mathrm{a,b}})}\right)^2 rhd\phi_{\mathrm{a,b}}\\[2mm]
&= P_{\mathrm{t}}\frac{L_{\mathrm{b}}}{\lambda}\int_{-\frac{\pi}{2}}^{\frac{\pi}{2}}\left(\frac{\sin\left(\frac{\pi L_{\mathrm{b}}}{\lambda}\sin(\phi_{\mathrm{a,b}})\right)}{\frac{\pi L_{\mathrm{b}}}{\lambda}\sin(\phi_{\mathrm{a,b}})}\right)^2 d\phi_{\mathrm{a,b}}
\end{aligned} \tag{3.36}$$

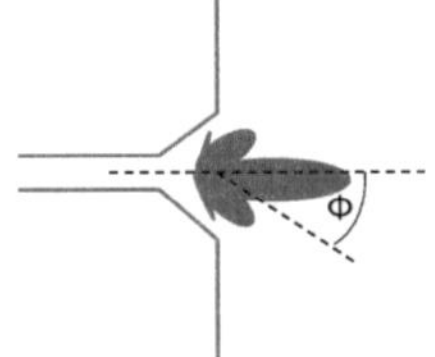

Bild 3.14.: Port, der eine Parallelplattenregion speist

Aus der Differenz der Sendeleistung P_{t} und der tatsächlich abgestrahlten Leistung P_{ges} kann dann die am Port reflektierte Leistung P_{ref} bestimmt werden. Somit bietet (3.36) eine

Abschätzung für den Reflexionsparameter eines *Beam Ports*.

$$r_{\text{Port}} = \sqrt{\frac{P_{\text{t}} - P_{\text{ges}}}{P_{\text{t}}}} = \sqrt{1 - \frac{L_{\text{b,a}}}{\lambda} \int_{-\frac{\pi}{2}}^{\frac{\pi}{2}} \left(\frac{\sin(\frac{\pi L_{\text{b,a}}}{\lambda} \sin(\phi_{\text{a,b}}))}{\frac{\pi L_{\text{b,a}}}{\lambda} \sin(\phi_{\text{a,b}})} \right)^2 d\phi_{\text{a,b}}} \qquad (3.37)$$

Da man die Ports auch als einen Wellenwiderstandsübergang zwischen einer Leitung (meistens 50Ω) und der Parallelplattenregion ansehen kann, sind weitere Effekte vorhanden, die eine Auswirkung auf die Anpassung eines Ports haben. Vor allem die Form des Tapers kann einen entscheidenden Einfluss haben. Für die Abschätzung der Anpassung bei der unteren Grenzfrequenz des Systems, bietet (3.37) eine gute Abschätzung.

3.8. Analytisches Systemmodell

Durch die in den vorherigen Kapiteln hergeleiteten Gleichungen (3.34) und (3.37) sind Näherungen für die komplette Streumatrix einer Rotman Linse gegeben. Die Verkopplung einzelner *Beam Ports* und *Array Ports* zueinander wird vernachlässigt.

Das geometrische Modell aus Kapitel 3.4 kann nun dadurch ergänzt werden, dass die punktförmigen Quellen mit Ports einer gewissen Breite $L_{\text{b,a}}$ ersetzt werden. Mit den gegebenen Gleichungen kann nun zusätzlich zur Phasenbelegung der Antennengruppe auch die Amplitudenbelegung der Antennengruppe und daraus deren Gruppenfaktor berechnet werden (2.13). Außerdem kann man für jeden einzelnen Signalweg in der Rotman Linse über die inverse Fourier Transformation der komplexen Übertragungsfunktion deren Impulsantwort berechnen (2.27).

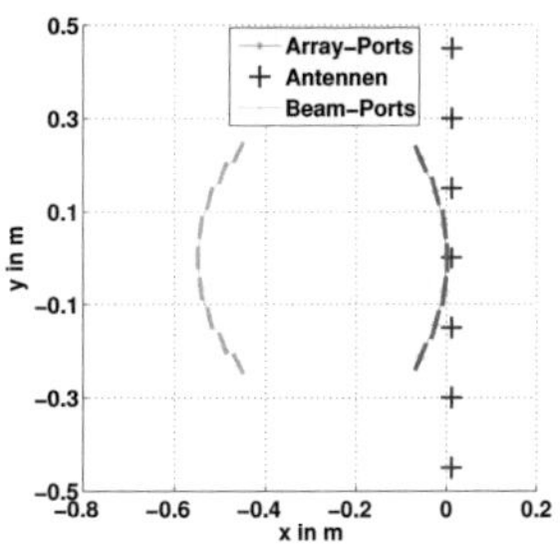

Bild 3.15.: Beispielgeometrie mit Ports der Breite L

In Bild 3.15 dargestellt ist die Beispiel-Geometrie mit 4,9 cm breiten *Beam Ports* und 6,3 cm breiten *Array Ports*.

Mit den gegeben Parametern kann man nun die Transmissionsparameter der Struktur berechnen. In Bild 3.16 erkennt man den Betrag der S-Parameter von *Beam Port* 1 zu den *Array Ports* 2, 3, 4 und 5. Mit den weiteren S-Parametern von *Beam Port* 1 zu den Antennen 1, 6

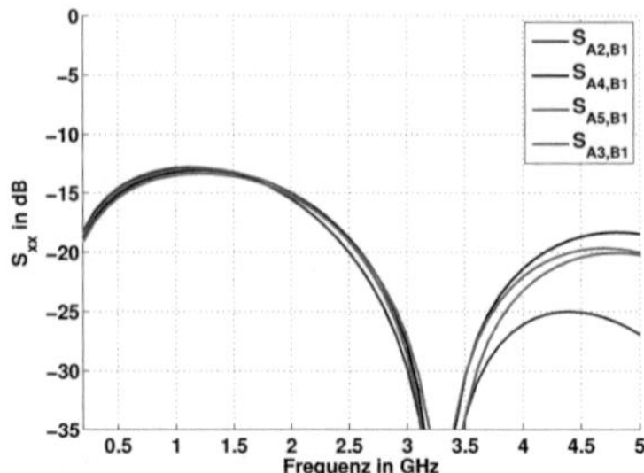

Bild 3.16.: Betrag der S-Parameter von *Beam Port* 1 zu den *Array Ports* 2,3,4,5

und 7 kann man nun den Gruppenfaktor der Antennengruppe bei Speisung der Rotman Linse an *Beam Port* 1 berechnen (Bild 3.17).

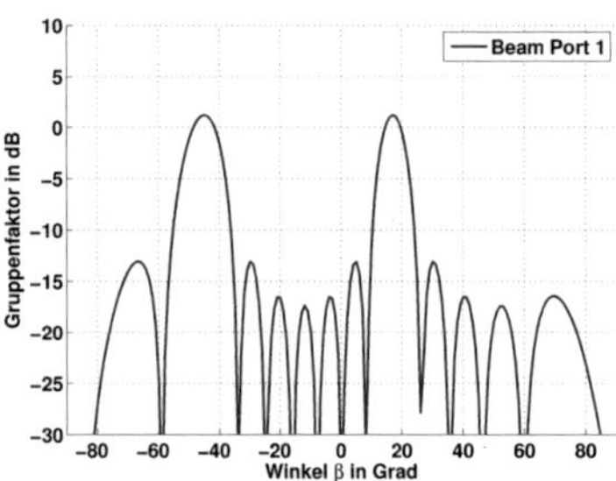

Bild 3.17.: Gruppenfaktor bei Speisung von *Beam Port* 1

Mit den vorgestellen analytischen Gleichungen kann eine Vorauswahl der Designparameter getroffen und eine sinnvolle Startgeometrie für beliebige Frequenzbereiche gewählt werden. Danach kann einfacher und gezielter in einem numerischen Feldsimulator ein Design begonnen werden und wertvolle Rechenzeit für Optimierungen gespart werden.

3.9. Folgerungen aus dem analytischen Systemmodell

Die Beschreibung der Parallelplattenregion und der Ports wie sie in den Kapiteln 3.6 und 3.7 vorgenommen wurde, bringt auch eine drastische Einschränkung der Breitbandigkeit des Gesamtsystems mit sich. Der Gewinn und die Richtcharakteristik eines Ports sind frequenzabhängig, wodurch sich ein beschränkter Frequenzbereich ergibt, für den überhaupt Leistungsübertragung durch die Parallelplattenregion möglich ist.

3.10. Systemmodell mit *Beamformer* und Antennen

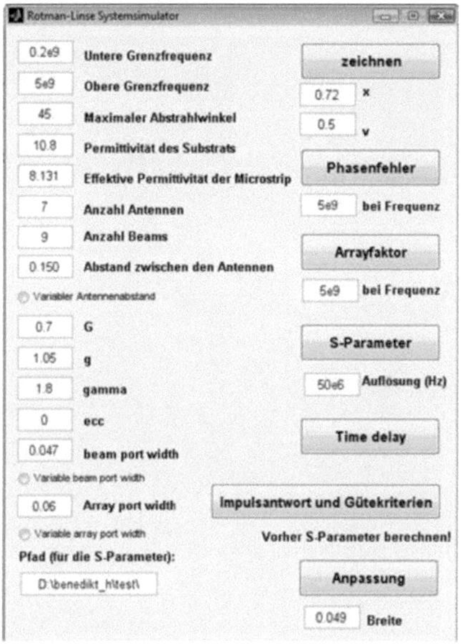

Bild 3.18.: Simulator zum Entwurf von Rotman-Linsen

Der entwickelte Systemsimulator in Matlab, siehe Bild 3.18, dient der schnellen Vorentwicklung einer Rotman-Linse. Dieser basiert auf der Annahme einer Freiraumausbreitung in der Parallelplattenregion und modelliert die zweidimensionalen Mikrostreifentaper als antennenähnliche Ports. Er berücksichtigt allerdings keine Dämpfung oder Dispersion. Seine Ergebnisse stimmen mit den simulierten und gemessenen Ergebnissen überein und ermöglichen somit ein schnelles Design von Rotman-Linsen. Für den Systemsimulator wurde ein Matlab-GUI entwickelt, sowie einige Funktionserweiterungen hinzugefügt. Man kann z.B. die Zeitbereichsgütekriterien berechnen lassen. Desweiteren ist es möglich die Port-Abstände und Breiten individuell für jeden Port einzustellen, um eine Optimierung der Linse vorzunehmen. Der Übergang von der Mikrostreifenleitung auf die Parallelplattenregion geschieht in Form einer Taperung der Leitung. Als Portbreite wird normalerweise die maximale Breite der Taperung verwendet. Bei hohen Frequenzen ist es jedoch möglich, dass sich die Zylinderwellen aufgrund der kürzeren Wellenlänge bereits in der Taperung als Freiraumwelle vom Port ablösen und sich in die Parallelplattenregion ausbreiten. Sie besitzen dann eine kleinere effektive Portbreite und dies wird im Simulator berücksichtigt.

50

4. Entwicklung einer Rotman Linse für den FCC-UWB-Bereich

Zur Validierung der entwickelten analytischen Designmethode, wird eine Rotman-Linse für den UWB-Frequenzbereich von 3,1 - 10,6 GHz entwickelt [LPBZ09]. Es soll vor allem die Vorhersage der zu erwartenden unteren Grenzfrequenz und der Frequenzbandbreite überprüft werden. Des weiteren werden mit Hilfe des elektromagnetischen Vollwellensimulators *CST Microwave Studio* Effekte wie etwa die Verkopplung der Zuleitungen oder der Ports untersucht. Auch werden interne Reflexionen bei der S-Parameter-Analyse mitberücksichtigt. Anhand der Ergebnisse werden erstmalig neuartige Darstellungen der Impulsantwort der Rotman-Linse im Zeitbereich vorgestellt.

4.1. Anforderungen

Die festen Parameter der Rotman Linse für den UWB-Bereich sollen folgendermaßen gewählt werden. Der Beamformer soll 9 diskrete Beamrichtungen zwischen -45° und +45° erzeugen können und 7 Antennen ansteuern. Der Antennenabstand wird auf 1,5 cm festgelegt, um *Grating Lobes* auch für hohe Frequenzen zu vermeiden, gemäß [Zwi09]:

$$d < \frac{N-1}{N} \frac{1}{1 + |\sin(\theta_0)|} \lambda_{10\text{GHz}} = 0,015\text{m} \tag{4.1}$$

Dies erfordert eine Anordnung der Antennen in der H-Ebene, da die Antennen in der E-Ebene länger sind und diesen Abstand somit nicht erlauben.

Die Amplitudenbelegung der Antennengruppe soll für alle Beamrichtungen möglichst konstant sein und die Phasenbelegung soll dem idealen linearen Verlauf folgen. Die Phasenfehler der Rotman Linse sollten möglichst verschwinden.

Die Rotman Linse wird auf einem Substrat des Materials RT/duroid 6010LM geätzt. Die Permittivität dieses Substrats beträgt 10,8. Durch die hohe Permittivität können die Abmessungen der Linse verringert werden. Die Dicke der Substratschicht beträgt 1,27 mm.

4.2. Mikrostreifenleitung

Um einige im Folgenden auftretenden Effekte des Prototyps zu erklären, ist es notwendig, die Grundlagen der Mikrostreifenleitungen voran zu stellen.

4.2.1. Effektive Permittivität

Die effektive Permittivität wird deshalb eingeführt, weil sich ein Teil des elektrischen und magnetischen Feldes im Substrat und ein Teil in der Luft befindet. Durch sie wird die Phasenkonstante β_z bzw. die Wellenlänge λ_z in Ausbreitungsrichtung bestimmt. Eine Abschätzung der effektiven Permittivität für $\frac{w}{h} \ll 1$ findet sich in Gleichung 4.3.

$$\epsilon_{r,\text{eff}} = \left(\frac{\beta_z}{\beta_0}\right)^2 \tag{4.2}$$

$$= \left(\frac{\lambda_0}{\lambda_z}\right)^2$$

$$\approx \frac{\epsilon_r + 1}{2} \tag{4.3}$$

Mit größerem $\frac{w}{h}$ und steigender Frequenz erhöht sich das $\epsilon_{r,\text{eff}}$ und nähert sich dem ϵ_r des Substrats an, da sich dann ein größerer Teil des Feldes innerhalb des Substrates befindet.

Eine metallische Abschirmung oberhalb des Leiters verändert das Feldlinienbild und damit auch die effektive Permittivität [MG86]. Sie wird umso geringer, je kleiner der Abstand zwischen Abschirmung und Leiter ist. Ab einer Abschirmungshöhe von $\frac{a}{h} > 10$ kann der Einfluss des Deckels vernachlässigt werden.

4.2.2. Leitungswellenwiderstand

Der Leitungswellenwiderstand ergibt sich aufgrund der Feldverteilung in Luft und Substrat und ist eine Funktion von $\frac{w}{h}$ und der Permittivität des Substrates. Er verringert sich mit zunehmender Permittivität und größerem $\frac{w}{h}$. Für den Leitungswellenwiderstand gilt:

$$Z_L = Z_0 \cdot \frac{h}{w_{\text{eff}} \cdot \sqrt{\epsilon_{r,\text{eff}}}} \tag{4.4}$$

Wobei $Z_0 = 120\pi\,\Omega$ und $w_{\text{eff}} > w$ gilt.

Bei einer Abschirmung mit kleiner Abschirmhöhe a verringert sich der Wellenwiderstand. Bei einer Abschirmhöhe von $\frac{a}{h} > 5$ kann der Einfluss der Abschirmung vernachlässigt werden.

4.2.3. Auftretende Wellen

Aufgrund der Unsymmetrie der Mikrostreifenleitung (ein Teil des Feldes wird in der Luft, ein Teil im Substrat geführt) ist die Grundwelle der Mikrostreifenleitung keine TEM-Welle, sondern die HE_0-Welle. D.h. es ist eine Hybridwelle mit E_z und H_z-Komponenten. Ist die Dielektrikumsdicke jedoch klein gegen die Wellenlänge, darf man von einer Quasi-TEM-Welle ausgehen, bei der die Phasengeschwindigkeit und der Wellenwiderstand nur schwach frequenzabhängig sind. Der Grundmode besitzt keine untere Grenzfrequenz (Bild 4.1). Unter der Annahme $\frac{w}{h} \gg 1$ lässt sich folgende Aussage treffen: Der stabile Bereich des Grundmode existiert so lange, bis eine halbe Wellenlänge quer auf dem Leiter Platz hat. Damit ergibt sich für die Grenzfrequenz des Grundmode

$$f_{g1} = \frac{c_0}{2w\sqrt{\epsilon_r}}. \tag{4.5}$$

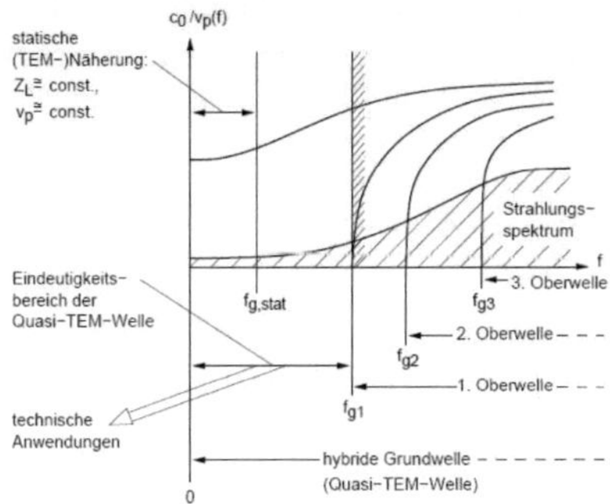

Bild 4.1.: Modenschema der Mikrostreifenleitung [Thu07]

Höhere Moden

Mit der Grenzfrequenz des Grundmode endet auch der Eindeutigkeitsbereich der Quasi-TEM-Welle. Die ab f_{g1} auftretenden HE-Oberwellen besitzen eine stark frequenzabhängige Wellenzahl und Phasengeschwindigkeit. Zusätzlich führen die höheren Moden zu einer stärkeren Abstrahlung der Mikrostreifenleitung.

Die Grenzfrequenzen der höheren Moden sind Vielfache der Grenzfrequenz des Grundmode.

Oberflächenwellen und Abstrahlung

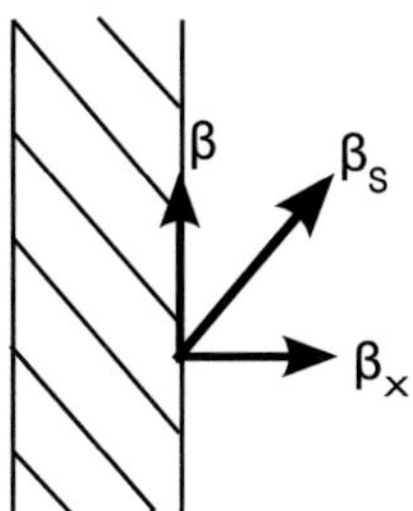

Bild 4.2.: Blick auf die Mikrostreifenleitung von oben mit den Wellenzahlen der geführten verlustbehafteten Mode (β) und der Wellenzahl der Oberflächenwelle, welche sich während des Leckvorgangs weg von der Mikrostreifenleitung bewegt (β_S) [AAO86]

Höhere Moden werden im Bereich der Grenzfrequenz zu Leckwellen. Die Leckwelle tritt in zwei Erscheinungsformen auf: Oberflächenwellen und Raumwellen [AAO86]. Oberflächenwellen breiten sich entlang einer Grenzfläche zwischen zwei Medien aus und sind eine geführte Mode. Im Fall der Mikrostreifenleitung breiten sie sich also entlang der Grenzfläche von Luft und Substrat aus. Treffen diese auf Störstellen, z.B. das Ende des Substrates, strahlen sie ab [Thu07]. Je dicker das Substrat ist, desto stärker treten die Oberflächenwellen in Erscheinung. Die TM_0-Oberflächenwelle besitzt keine untere Grenzfrequenz. Der Grundmode der TE_0-Oberflächenwelle tritt ab ihrer unteren Grenzfrequenz f_{g,TE_0} auf:

$$f_{g,TE_0} = \frac{c_0}{4h\sqrt{\epsilon_r - 1}} \tag{4.6}$$

Die nächst höheren Moden der TM_n- und TE_n- Oberflächenwellen sind Vielfache der TE_0-Grundwelle:

$$f_{g,TM_n} = 2n\, f_{g,TE_0} \tag{4.7}$$

$$f_{g,TE_n} = (1 + 2n)\, f_{g,TE_0} \tag{4.8}$$

In Bild 4.1 sieht man die auftretenden Moden auf einer Mikrostreifenleitung in Abhängigkeit der Frequenz. Die Skala ist auf Lichtgeschwindigkeit geteilt durch Phasengeschwindigkeit normiert. Dies entspricht dem Verlauf der Quadratwurzel der effektiven Permittivität:

$$\frac{c_0}{v_p(f)} = \frac{\frac{\omega}{\beta_0}}{\frac{\omega}{\beta}} = \frac{\beta}{\beta_0} = \frac{\lambda_0}{\lambda} = \sqrt{\epsilon_{r,eff}} \tag{4.9}$$

β_0 ist die Wellenzahl im Vakuum. Das Bild 4.1 ist so zu lesen, dass bei einer bestimmten Frequenz die jeweiligen Moden ein bestimmtes ϵ_r wahrnehmen und sich daraufhin mit einer bestimmten Phasengeschwindigkeit bzw. Wellenzahl ausbreiten. Für sehr hohe Frequenzen nähern sich alle $\sqrt{\epsilon_{r,eff}}$ dem $\sqrt{\epsilon_r}$, da sich dann nahezu kein Anteil des Feldes mehr in der Luft befindet. Nahe der Grenzfrequenz der Oberwellen wird deren Wellenzahl komplex (schraffierter Bereich). Besitzt die Wellenzahl dort aber weiterhin einen Realteil, so leckt die Welle, was zu einer Dämpfung führt. Das Bild 4.2 veranschaulicht eine leckbehaftete Mode: Während sich die geführte Mode β entlang der Mikrostreifenleitung ausbreitet, bewegt sich die Oberflächenwelle β_S von dieser weg (auf beiden Seiten des Leiters). Hier gilt:

$$\beta_x^2 = \beta_S^2 - \beta^2 \tag{4.10}$$

Damit ein Leistungsverlust auftritt, muss β_x real sein [AAO86], d.h. es muss folgende Bedingung erfüllt sein:

$$\beta < \beta_S \tag{4.11}$$

Dies ist der schraffierte Bereich in Bild 4.1 und wird dort hauptsächlich von der TM_0- Oberflächenwelle bestimmt. Mit einem sehr kleinen β, d.h. sehr niedrigen Frequenzen entsteht also Verlustleistung in Form von Oberflächenwellen. Für $\beta < \beta_0$ wird zusätzlich noch Energie in Raumwellen umgewandelt [AAO86].

Die eigentliche Abstrahlung findet im Bereich $\frac{c_0}{v_p(f)} < 1$ statt. Dieser Fall tritt immer an den Grenzfrequenzen der Oberwellen auf. Dort ist dann die Dämpfung der Mikrostreifenleitung aufgrund von Leckmoden besonders hoch. Mit zunehmender Frequenz befindet sich ein immer größerer Teil der Energie in den Leckmoden.

Leckwellen bei geschirmter Mikrostreifenleitung

Wird die Mikrostreifenleitung geschirmt, kann keine Abstrahlung auftreten. Hier breiten sich jedoch die Raumwellen entlang des Hohlleiters zwischen Abschirmung und Substratoberfläche aus. Je weiter die Abschirmung von der Mikrostreifenleitung entfernt ist, desto mehr Energie verlagert sich von den Oberflächenwellen zu den Hohlleitermoden.

Im Gegensatz dazu werden Raumwellen unterdrückt, wenn der Abstand der Abschirmung zur Substratoberfläche kleiner als $\frac{\lambda_0}{2}$ ist.

4.2.4. Dispersion

Der Begriff Dispersion bedeutet die Verbreiterung eines Signals aufgrund unterschiedlicher Signallaufzeiten unterschiedlicher spektraler Komponenten. So ist z.B. die Permittivität abhängig von der Frequenz und damit auch die Ausbreitungsgeschwindigkeit.

Neben dieser chromatischen Dispersion gibt es noch die Modendispersion als eine weitere Ursache der Impulsverbreiterung. Sie entsteht aufgrund der unterschiedlichen Signallaufzeiten der verschiedenen Moden. Die chromatische Dispersion lässt sich durch die Ableitung der Gruppenlaufzeit bestimmen.

4.3. Vor-Design anhand des analytischen Systemmodells

Um geeignete Startwerte für die Design-Parameter zu wählen, wird zuerst betrachtet, welche Breite die Ports mindestens und höchstens haben müssen.

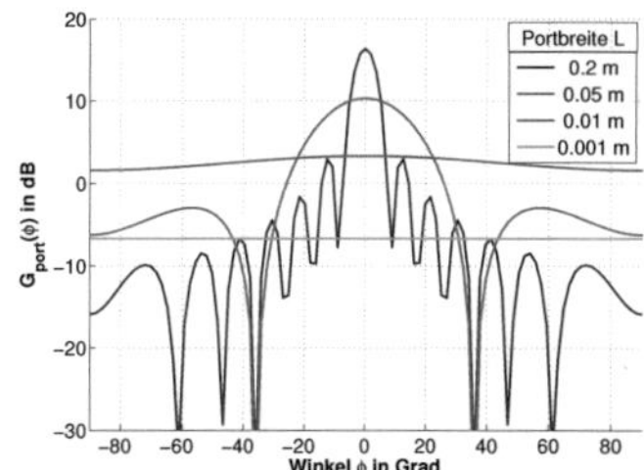

Bild 4.3.: Gewinn der Ports bei 3,1 GHz

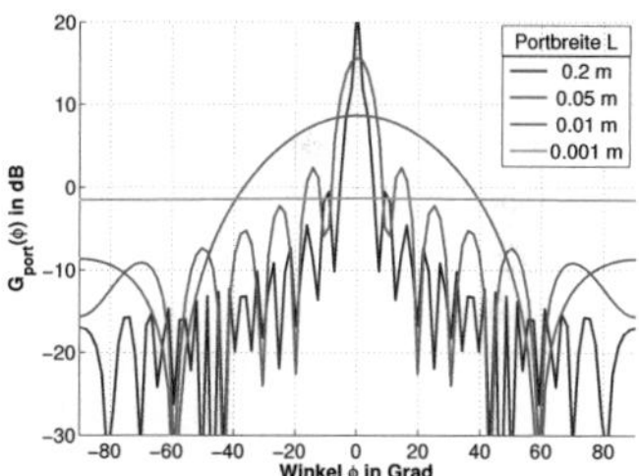

Bild 4.4.: Gewinn der Ports bei 10,6 GHz

An den Bildern 4.3 und 4.4 erkennt man, dass die Portbreite L im Bereich 0,5 cm bis 2 cm liegen sollte, um für die tiefen Frequenzen noch einen ausreichenden Gewinn zu erhalten und um für die hohen Frequenzen nicht zu direktiv zu werden. Die Angaben beziehen sich dabei auf die in Bild 3.12 dargestellten Winkel.

Als nächsten Schritt wird geeigneter Wert für die Brennweite G gewählt. Dabei wird berücksichtigt, dass sich die Ausdehnung der beiden Konturen in y-Richtung dadurch ergibt, welchen Abstand die beiden äußersten Antennen zueinander haben. In diesem Fall ergibt sich dieser Abstand zu $6 \cdot 1{,}5\text{cm} = 9\text{cm}$. Dieser Wert liefert gleichzeitig einen sinnvollen Startwert für die Brennweite G, da er ungefähr der dreifachen Wellenlänge bei 3,1 GHz entspricht. Außerdem ergeben sich somit ungefähr gleiche Abmessungen der Parallelplattenregion in x- und y-Richtung, so dass der Ausleuchtungsbereich der Ports höchstens 45° entspricht.

Um diesen Ausleuchtungsbereich für die *Beam* und *Array Ports* auf einen ähnlichen Wert zu bringen, sollten die beiden Konturen ungefähr gleiche Ausdehnungen in der y-Richtung erhalten. Die Variation dieser Ausdehnung wird nach Kapitel 3.4.1 mit dem Design-Parameter γ vorgenommen.

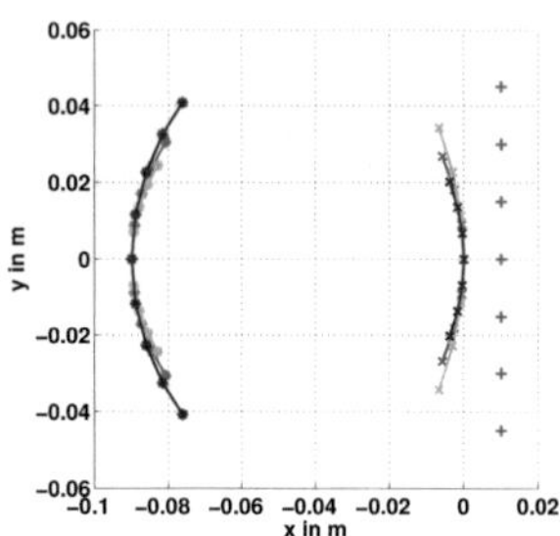

Bild 4.5.: Variation von γ (grün: 2,5, rot: 2,0, blau: 1,5)

Dargestellt in Bild 4.5 sind die möglichen Geometrien bei verschiedener Wahl für den Ausdehnungsfaktor γ (grün: 2,5, rot: 2,0, blau: 1,5). Man erkennt, dass sich ungefähr gleiche Ausdehnungen der beiden Konturen für $\gamma = 2,0$ ergeben. Anschließend werden die Portbreiten so gewählt, dass die Ports möglichst aneinander grenzen. Eine gute Wahl ist hierbei 9 mm für die *Array Ports* und 7 mm für die *Beam Ports*. Diese Wahl liegt auch im vorher beschriebenen Bereich, um für den kompletten Frequenzbereich einen akzeptablen Gewinn zu erhalten. Als nächster Schritt wird das Brennverhältnis g so gewählt, dass einerseits die Konturen eine möglichst symmetrische Form haben und andererseits die Phasenfehler minimiert werden. In den Bildern 4.6 bis 4.8 dargestellt sind die jeweiligen Geometrien und deren Phasenfehler bei 10,6 GHz. Man erkennt, dass sich die geringsten Phasenfehler auch bei der Geometrie ergeben, die etwa gleich ausgedehnte *Beamport-* und *Arrayport*-Konturen hat. Der Parameter $g = 1,04$ bietet somit eine gute Wahl für das Brennverhältnis.

Als letzter Design-Parameter wird dann die numerische Exzentriztät e variiert um die Phasenfehler zu minimieren. Der geringste Phasenfehler ergibt sich dabei für $e = 0$ und ist schon in Bild 4.7 dargestellt.

Abschließend muss überprüft werden, ob die gegebene Geometrie eine gute Performance in Bezug auf die Leistungsübertragung in der Parallelplattenregion bietet, und ob die sich ergebenden Gruppenfaktoren für den kompletten Frequenzbereich und alle *Beam Ports* einen ähnlichen Gewinn aufweisen. In Bild 4.9 sind die Transmissionsparameter für den mittleren und den äußersten *Beam Port* hin zu allen 7 *Array Ports* dargestellt. Man erkennt, dass der Gewinn der Ports für hohe Frequenzen hin zunimmt, da die Transmissionsparameter für den

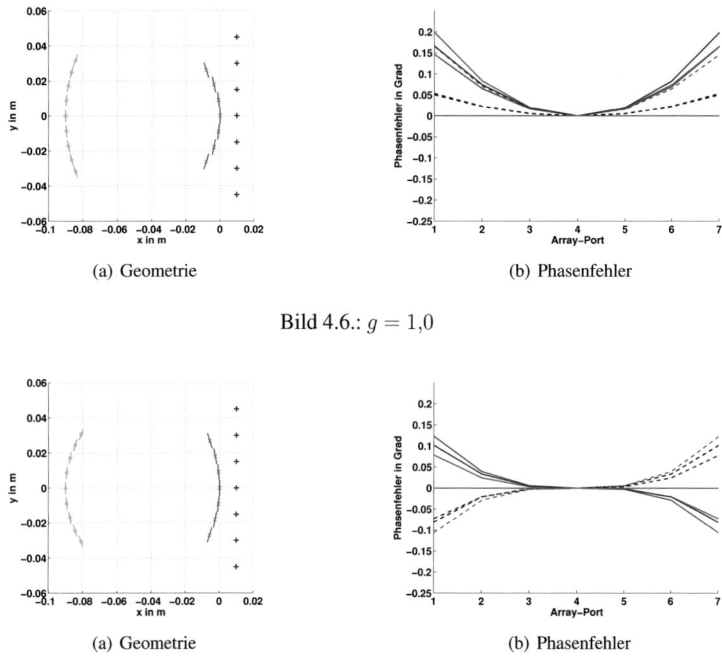

(a) Geometrie   (b) Phasenfehler

Bild 4.6.: $g = 1{,}0$

(a) Geometrie   (b) Phasenfehler

Bild 4.7.: $g = 1{,}04$

zentralen *Beam Port* mit der Frequenz steigen. Außerdem erkennt man am Vergleich der Kurven vom äußeren und vom mittleren *Beam Port*, dass die Unterschiede für hohe Frequenzen zunehmen, da dort die Ports direktiver werden. Trotzdem kann die Amplitudenbelegung für die gegebene Bandbreite noch als konstant angesehen werden. In Bild 4.10 erkennt man, dass das Maximum des Gruppenfaktors für alle Schwenkrichtungen und über der gesamten Bandbreite zwischen 1 dB und 6 dB liegt, was bei der gegebenen Bandbreite ein durchaus gutes Ergebnis darstellt.

4.4. Optimierung mit numerischen Feldsimulationen

Um die Struktur der Rotman Linse in einem numerischen Feldsimulationsprogramm zu optimieren, wurde ein Simulationsmodell erstellt, welches aus den geometrischen Design-Gleichungen besteht. Innerhalb dieses Modells können dann alle Design-Parameter variiert werden, außerdem die Breite der Ports, die Breite der Mikrostreifenleitungen, die Länge des Tapers zwischen den Leitungen und den Ports, sowie die Ausdehnung der Seitenbereiche. Die Form der

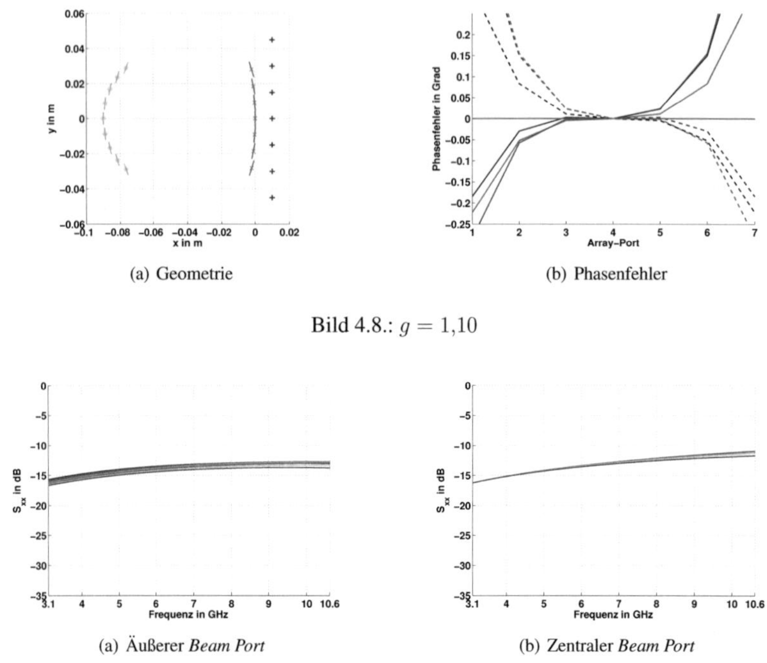

(a) Geometrie

(b) Phasenfehler

Bild 4.8.: $g = 1{,}10$

(a) Äußerer *Beam Port*

(b) Zentraler *Beam Port*

Bild 4.9.: Beträge der S-Parameter von 2 *Beam Ports* zu allen 7 *Array Ports*

Taper wurde als exponentielle Funktion realisiert. Diese Form hat Vorteile gegenüber linearen und parabolischen Tapern in Bezug auf die breitbandige Anpassung. Die Seitenbereiche, die die 2 Konturen verbinden wurden wie in [RPW97], [PR99] und [HHA02] dreieckförmig ausgeführt, dabei kann im Modell selbst die Ausdehnung des Dreiecks variiert werden. An die beiden Schenkel der Dreiecke werden dann jeweils Dummy Ports angebracht, deren Anzahl variiert werden kann. Diese Dummy Ports sollen die Leistung, die in die Seitenbereiche gerät absaugen, so dass keine Reflexionen innerhalb der Parallelplattenregion entstehen.

In Bild 4.11 dargestellt ist ein Simulationsmodell der Rotman Linse. Links sind 9 Anschlüsse, die über Mikrostreifenleitungen zu den 9 *Beam Ports* an der Parallelplattenregion führen. Rechts werden die 7 *Array Ports* über die Leitungen der Rotman Linse mit den 7 Antennenanschlüssen verbunden. Um die richtigen Längen dieser Leitungen zu erhalten, werden Umwege in Form von Kreisbögen und kurzen geraden Stücken unterschiedlicher Länge zwischen diesen Kreisbögen eingeführt. Die Kreisbögen werden mit einem Radius, der der 4-fachen Breite der Mikrostreifenleitungen entspricht, entworfen, was nach [Wad91] zu einem Stehwellenverhältnis kleiner 1,05 führt. Die Breite der Mikrostreifenleitungen wird im Modul *LineCalc* des Programms *Advanced Design System* berechnet und auf 1,2 mm festgelegt.

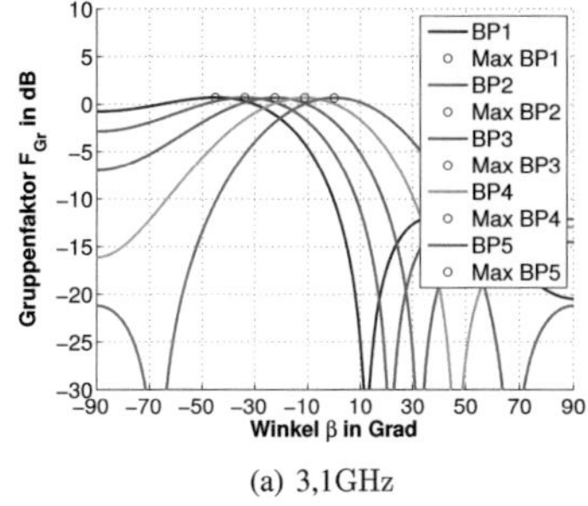

(a) 3,1GHz

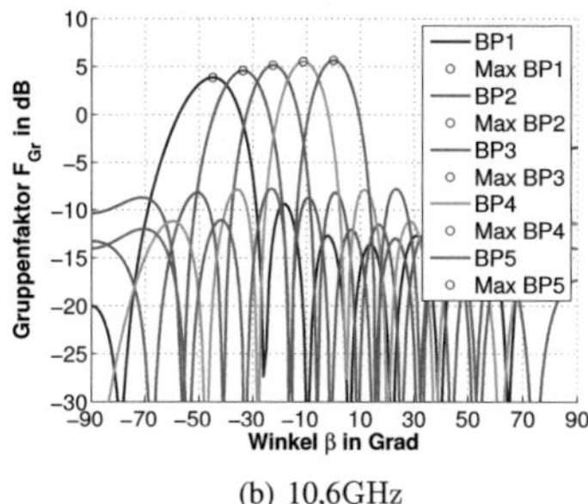

(b) 10,6GHz

Bild 4.10.: Gruppenfaktoren für die untere und obere Grenzfrequenz

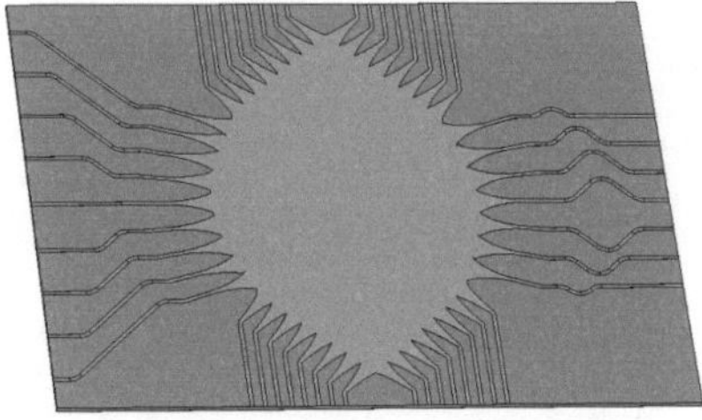

Bild 4.11.: Modell in CST Microwave Studio

Bei der Substratdicke 1,27 mm ergeben sich damit die in Tabelle 4.1 gegebenen Wellenwiderstände für die Zuleitungen.

Im Folgenden sollen nun die Effekte beschrieben werden, auf die während der Phase der Feldsimulationen geachtet werden muss.

4.4.1. Verkopplung der Zuleitungen

Bei gegebenen Portbreiten $L_{b,a}$, Leitungsbreiten w und aneinander grenzenden Ports ergibt sich der Abstand der Zuleitungen als $s = L_{b,a} - w$. Wenn die Leitungsbreite w also zu groß wird, liegen die Zuleitungen zu nahe aneinander und verkoppeln. Da sich die Breite der Mikrostreifenleitungen nach der Substratdicke richtet, muss also schon das Substrat so ausgewählt werden, so dass dessen Dicke gering im Vergleich zu den Portbreiten ist. In Bild 4.12 ist ein Feldbild eines Modells dargestellt, dass bei einer Substratdicke von 3,23 mm eine Leitungsbreite von 3 mm hat. Die Leitungen liegen dadurch zu eng beieinander und verkoppeln.

Frequenz in GHz	Z_L in Ω	$|r|$ bezogen auf 50 Ω
3,1	48,35	0,0168
5,6	48,97	0,0104
8,1	50,15	0,0015
10,6	51,83	0,0180

Tabelle 4.1.: Wellenwiderstände und Reflexionsfaktoren der Zuleitungen

Im Bild erkennt man, wie bei Speisung der untersten Zuleitung das Feld in die darüber liegende Leitung koppelt. Dabei kann es einerseits dazu kommen, dass ungewollt Leistung in der verkoppelten Leitung zu den Anschlüssen führt und das Speisenetzwerk beschädigt. Andererseits kann die Leistung auch in die Parallelplattenregion fließen und dort die Richtwirkung des eigentlich gespeisten *Beam Ports* stören. Im gegebenen Beispiel ist erkennbar, dass sich die Ausrichtung der erzeugten Feldverteilung durch dieses Phänomen ungewollt nach oben verschiebt, und so die *Array Port* Kontur nicht mehr gleichmäßig ausgeleuchtet wird.

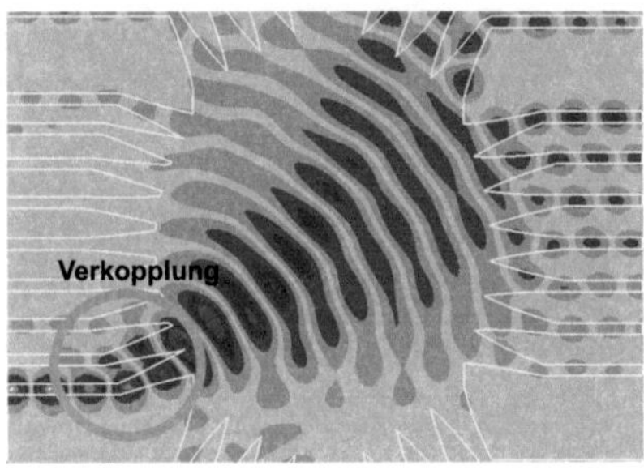

Bild 4.12.: Modell mit zu kleinen Leitungsabständen

4.4.2. Ausrichtung der Ports

Um die Leistung der *Beam Ports* möglichst gleichmäßig auf die *Array Port* Kontur zu verteilen, müssen die *Beam Ports* auf den Mittelpunkt der *Array Port* Kontur ausgerichtet sein. Ebenso müssen die *Array Ports* auf den Mittelpunkt der *Beam Port* Kontur ausgerichtet sein, siehe Bild 4.13.

Die Ausrichtung der *Beam Ports* erfolgt dabei anhand des Winkels α' in Gleichung (3.29). Die Ausrichtung der *Array Ports* erfolgt anhand des Winkels

$$\epsilon_i = \arctan(\frac{Y_i}{G + X_i}) \tag{4.12}$$

X_i und Y_i sind dabei die Positionen der *Array Ports* aus (3.20) und (3.21).

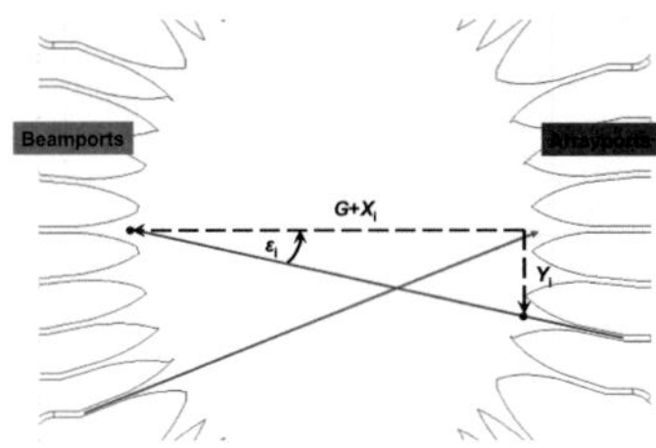

Bild 4.13.: Ausrichtung der Ports

4.4.3. Phasenzentrum der Ports

Das Phasenzentrum der Ports liegt ähnlich wie bei Hornantennen nicht an der Portöffnung. Da sich die Rotman Gleichungen jedoch jeweils auf das Phasenzentrum beziehen, müssen die Ports so positioniert werden, dass die berechneten Punktquellen aus Kapitel 3.3 mit den Phasenzentren übereinstimmen.

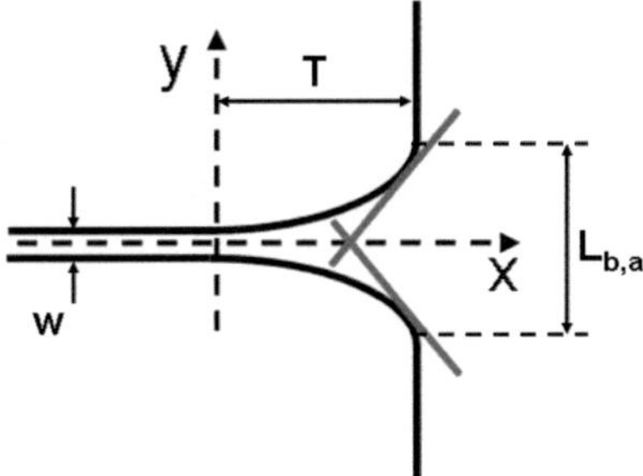

Bild 4.14.: Geometrie eines Ports und Näherung für dessen Phasenzentrum

Das Phasenzentrum wandert jedoch frequenzabhängig auf der Symmetrielinie der Ports, die in Bild 4.14 der x-Achse entspricht [CGNS94]. Für breitbandige Anwendungen kann folglich bestenfalls eine Näherung angegeben werden. Durch Vergleich einiger Simulationen hat sich ergeben, das eine gute Näherung dem Punkt entspricht, an dem sich die beiden Tangenten an der Portöffnung kreuzen. Die beiden Tangenten sind in Bild 4.14 rot eingezeichnet.

Bei einer Leitungsbreite w, einer Portbreite $L_{b,a}$ und einer Taperlänge T, folgt die obere

Seite des Port-Tapers der Funktion

$$y(x) = \frac{w}{2} \cdot e^{\frac{\ln(\frac{L_{b,a}}{w})}{T}x} = b \cdot e^{cx}$$

Die Steigung an der Portöffnung ergibt sich folglich als

$$m = b \cdot c \cdot e^{cT}$$

Den Abstand des Phasenzentrums von der Portöffnung kann man dann berechnen als

$$\delta = \frac{L_{b,a} - w}{2m}$$

Damit ergibt sich die Position des Phasenzentrums PZ auf der x-Achse im in Bild 4.14 eingeführten Koordinatensystem als

$$PZ = T - \frac{L_{b,a} - w}{\frac{L_{b,a}}{T} \cdot \ln\left(\frac{L_{b,a}}{w}\right)} \tag{4.13}$$

4.4.4. Seitenbereiche

Da die *Dummy Ports* ebenso einen richtungsabhängigen Gewinn haben, der von deren Breite abhängt, ist es wichtig die Breite und die Ausrichtung der *Dummy Ports* korrekt zu wählen. Deren Breite liegt im Bereich der Breite der *Beam* und *Array Ports*, und sie müssen optimal auf die gegenüberliegende Kontur ausgerichtet sein [RPW97], [PR99], [HHA02].

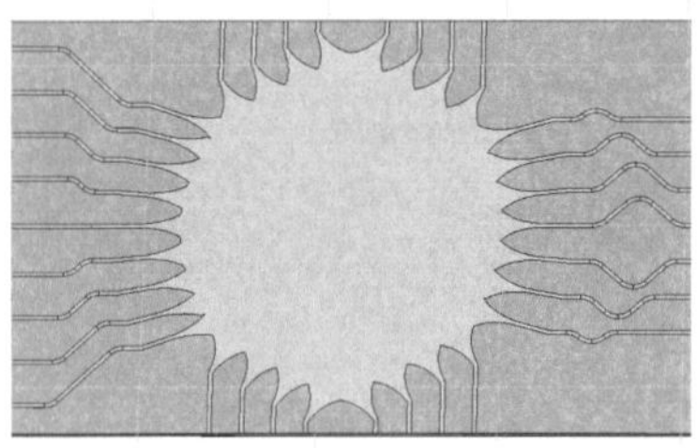

(a) 8 *Dummy Ports* pro Seite

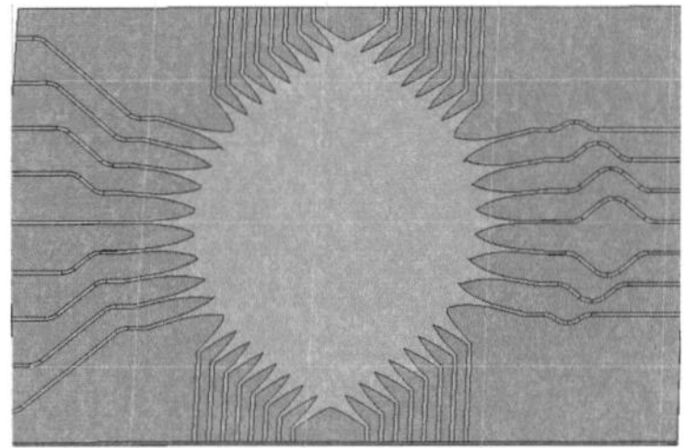

(b) 16 *Dummy Ports* pro Seite

Bild 4.15.: verschiedenen Formen der Seitenbereiche

In Bild 4.15 erkennt man links, dass die *Dummy Ports* breiter sind als die *Beam* und *Array Ports* und sie sind nicht optimal auf die gegenüberliegende Kontur ausgerichtet. Rechts ist ein anderes Design mit schmaleren *Dummy Ports* gezeigt. Die Simulationsergebnisse haben für die Struktur mit 16 *Dummy Ports* pro Seite welligere S-Parameter Kurven gezeigt (siehe Bild 4.16), was auf unerwünschte Reflexionen innerhalb der Parallelplattenregion hinweist.

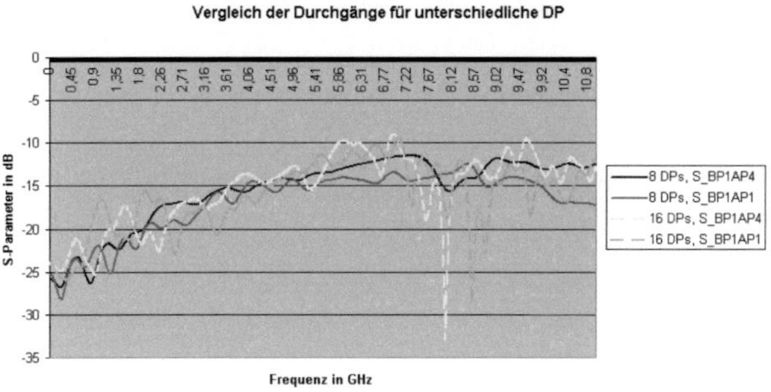

Vergleich der Durchgänge für unterschiedliche DP

S-Parameter in dB

Frequenz in GHz

8 DPs, S_BP1AP4
8 DPs, S_BP1AP1
16 DPs, S_BP1AP4
16 DPs, S_BP1AP1

Bild 4.16.: Transmissions S-Parameter von BP1 zu AP1/AP4 für unterschiedliche *Dummy Ports*

4.5. Untersuchung des Leistungsverhaltens

Da es in der öffentlich zugänglichen Literatur bisher keine detaillierte Analyse der Leistungsaufteilung innerhalb einer Rotman-Linse gibt, stellt dieser Abschnitt neuartige Ergebnisse vor.

4.5.1. Verluste in der Linse

In den Zu- und Ableitungen enstehen ungefähr geanu so viele Verluste wie in der Parallelplattenregion. Die Substratverluste tragen hierbei einen größeren Beitrag zu den Gesamtverlusten bei als die Metallverluste (siehe Bild 4.17).

Analytisch

Die Berechung der Dämpfung für die Zuleitung erfolgt wie bei einer normalen Mikrostreifenleitung und für die Parallelplattenregion wie bei einer unendlich breiten Mikrostreifenleitung. Es wurde nach den Formeln in Anhang A.8 gerechnet. Analytisch ergibt sich eine Dämpfung für die UWB-Linse von maximal 1,4 dB. Dies entspricht ca. 28 % der Leistung und wird von der numerischen Simulation gestützt (Bild 4.18).

Numerisch

Das Bild 4.18 zeigt die durch Differenzbildung der unterschiedlichen Leistungsantcile mehrerer Simulationen der Rotman-Linse entstandene Leistungsaufteilung auf die benachbarten *Beam Ports*, auf die *Array Ports* (gewollter Leistungstransfer), die *Dummy Ports* der Seitenbereiche, die in Substrat und Metallisierung auftretenden Verluste und die durch höhere Moden und Resonanzen abgestrahlte Leistung (Rotman-Linse wirkt wie eine Antennenstruktur):

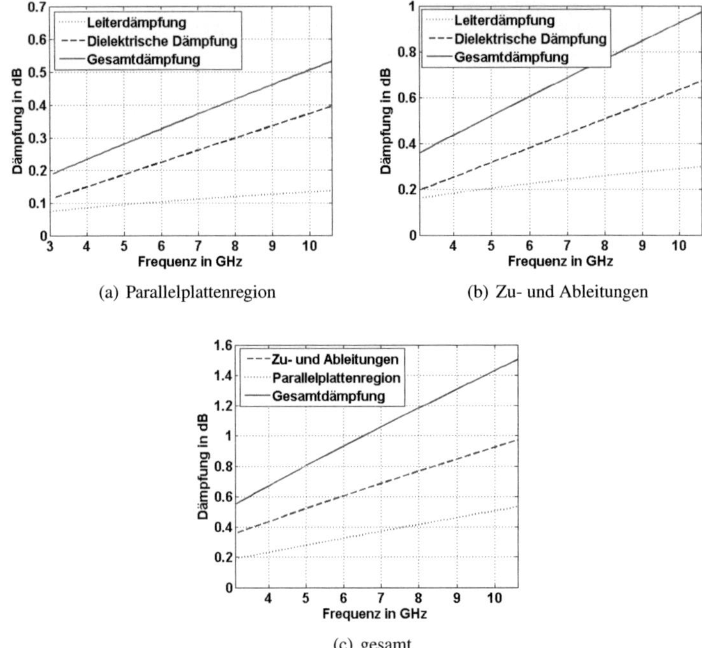

(a) Parallelplattenregion

(b) Zu- und Ableitungen

(c) gesamt

Bild 4.17.: Dämpfung der UWB-Linse (analytisch)

$$P_{\text{Abgestrahlt}} = P_{\text{ein,BP},i} - \sum_j P_{\text{BP},j} - \sum_m P_{\text{AP},m} - \sum_n P_{\text{DP},n}$$

$$\text{Metallverluste} = \left(P_{\text{Abgestrahlt}}\right)_{\text{verlustfrei}} - \left(P_{\text{Abgestrahlt}}\right)_{\text{ohmscheVerluste}}$$

$$\text{Substratverluste} = \left(P_{\text{Abgestrahlt}}\right)_{\text{verlustfrei}} - \left(P_{\text{Abgestrahlt}}\right)_{\text{dielektrischeVerluste}}$$

Hierbeit gilt $i \neq j$ und j, n, m durchlaufen jeweils die Anzahl an verfügbaren *Beam Ports*, *Dummy Ports* und *Array Ports*. Die Ergebnisse beinhalten einen Fehler bedingt durch die numerische Simulation, welcher allerdings kleiner als -20 dB ist.

Die Resonanzstellen im Bereich von 0 - 2 GHz entstehen aufrund einer Resonanz in der Parallelplattenregion (siehe Abschnitt 4.6). Man erkennt, dass bei hohen Frequenzen ein Teil der Energie aufgrund höherer Moden abgestrahlt wird.

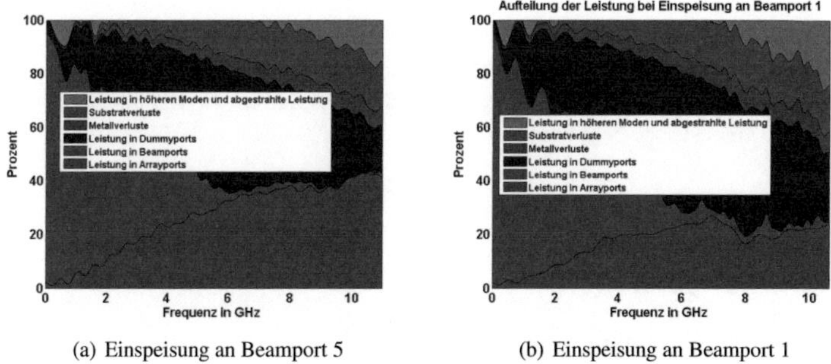

(a) Einspeisung an Beamport 5 (b) Einspeisung an Beamport 1

Bild 4.18.: Simulierte Aufteilung der verfügbaren Eingangsleistung an einem *Beamport*

4.5.2. Linse innerhalb einer Metallbox

Um unerwünschte Abstrahlung zu vermeiden kann man die Linse in eine Metallbox kleiden. Durch die Metallbox ändert sich das $\epsilon_{\text{r,eff}}$ und das Z_L (Siehe [MG86]). Ab einer Entfernung des Deckels von vom Fünfachen der Substrathöhe besteht allerdings kein nennenswerter Einfluss mehr.

4.5.3. Abstrahlung

Ist das Verhältnis von Wellenlänge zu Substrathöhe zu klein, so strahlen die Oberflächenwellen ab (Abschnitt 4.2.3). Die höheren Moden, welche auf der Taperung auftreten, werden in Abschnitt 4.6 berechnet. In Bild 4.19 wird das Maximum des Gewinns für jede Raumrichtung oberhalb der Rotman-Linse (nach unten wird die Abstrahlung durch die Massefläche begrenzt) innerhalb des Frequenzbereichs der Abstrahlung durch höhere Moden von 7,5 bis 11 GHz gezeigt, was durch (4.14) beschrieben wird. Man erkennt dass bei Speisung des BP_5

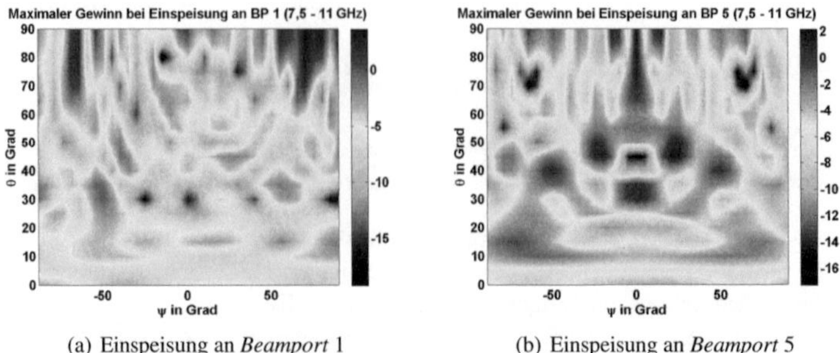

(a) Einspeisung an Beamport 1   (b) Einspeisung an Beamport 5

Bild 4.19.: Maximaler Gewinn in dBi in alle Raumrichtungen im Frequenzband 7,5 - 11 GHz zur Charakterisierung des Abstrahlverhaltens der Rotman-Linse

die Abstrahlung am Substratende, parallel zum Substrat ein Maximum aufweist. Beim äußersten BP_1 wandern die Bereiche des maximalen Gewinns auf ca. $\psi = \pm 60°$. Der maximale Gewinn der Rotman-Linse liegt bei etwa 3 dBi.

$$G(\Psi,\Theta) = \max\{G(\Psi,\Theta,f)\} \tag{4.14}$$

4.6. Auftretende Moden

Moden in der Parallelplattenregion

In Bild 4.18 erkennt man unterhalb von 2 GHz Abstrahlungverluste. Diese Abstrahlung erfolgt aufgrund einer antennenähnlichen Wirkung der Rotman-Linse, da diese hier Abmessungen in der Größenordnung der Wellenlänge aufweist und somit resonant wird. Die Resonanzstellen ergeben sich aus der Formel für die Länge L einer rechteckigen Patch-Antenne, bzw. der Formel für die Resonanzfrequenz im Grundmode [GBB00], [Wat03]. Für die UWB-Linse ergibt sich für den mittleren Beamport eine Resonanzfrequenz von 0,5 GHz und für einen äußeren Beamport eine Resonanzfrequenz von 0,46 GHz. Die Bedingung für die Wirkung als Patch-Antenne liefert:

$$L = \frac{\lambda_0}{2\sqrt{\epsilon_r}} = \frac{0{,}6\text{m}}{2\sqrt{10{,}6}} = 9{,}2\text{cm}$$

Ein Vergleich mit Abschnitt 4.7.1 bestätigt diese Betrachtungsweise.

Moden auf der Taperung

Die Breite der Mikrostreifenleitung wurde so festgelegt, dass sich dort nur der Grundmode ausbreiten kann. In der Parallelplattenregion können sich aufgrund des goßen Breiten zu Längen-Verhältnisses, sowie der speziellen Form ebenfalls keine höheren Moden ausbilden.

Jedoch können sie in der Taperung, dem Übergang von der Mikrostreifenleitung zur Parallel-plattenregion, auftreten. Die auftretenden Moden wurden bei der maximalen Breite des Be-

(a) HE-Moden

Grenzfrequenz	Beamport	Arrayport
1. Mode	6,9 GHz	5,2 GHz
2. Mode	13,8 GHz	10,4 GHz
3. Mode	20,7 GHz	15,6 GHz

(b) TE- und TM Oberflächenwellen:

Grenzfrequenz	TE	TM
Grundmode	18,9 GHz	0 GHz
1. Mode	56,6 GHz	37,7 GHz

Tabelle 4.2.: Moden der UWB-Linse

amports und der maximalen Breite des Arrayports berechnet (Gleichungen 4.5, 4.8 und 4.7). Diese höheren Moden beeinträchtigen die Durchgangs S-Parameter der Linse und können zu Abstrahlung führen (Tabellen 4.2).

4.7. Vermessung eines Prototyps

Nach der Optimierung des Modells mit Hilfe der numerischen Feldsimulationen entstand der in Bild 4.20 dargestellte Prototyp. Anhand von Messungen wird nun die Funktionsfähigkeit des analytischen Berechnungsverfahrens und die numerische Vollwellenlösung aus *CST Microwave Studio* verifiziert.

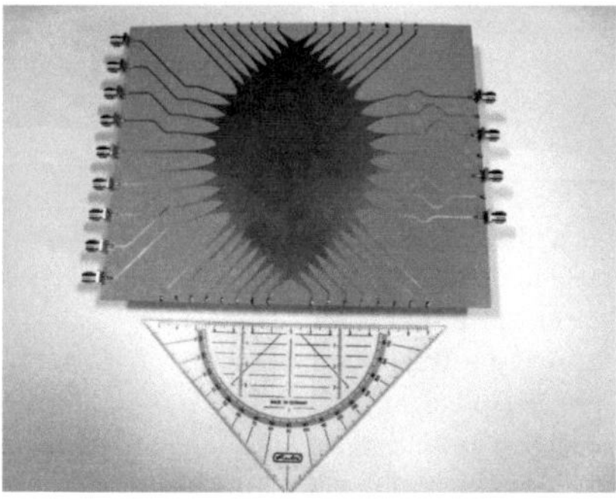

Bild 4.20.: Protoyp der Rotman Linse für UWB-Anwendungen

4.7.1. Abmessungen des Prototyps

Die komplette Platine misst insgesamt 19,5 cm x 15,2 cm. Die Brennweite G beträgt 9 cm. Dadurch, dass das Phasenzentrum der Ports innerhalb der Taper liegt, beträgt die wirkliche Ausdehnung der Parallelplattenregion in x-Richtung jedoch nur 8,1 cm. In y-Richtung beträgt die Ausdehnung insgesamt 12,8 cm, wobei davon jeweils 3 cm auf die beiden dreieckigen Seitenbereiche entfallen. Die Ausdehnungen der *Beam* und *Array Port* Konturen in y-Richtung betragen demnach 6,8 cm.

Die exponentiellen Taper haben eine Länge von 1,2 cm, und die Phasenzentren liegen dabei ca. 0,5 cm und 0,4 cm innerhalb der Öffnung. An die Mikrostreifenleitungen der Breite 1,2 mm werden entweder SMA-Stecker oder 51 Ω Standard-SMD-Widerstände angelötet, siehe Bild 4.21.

(a) 51Ω Widerstände

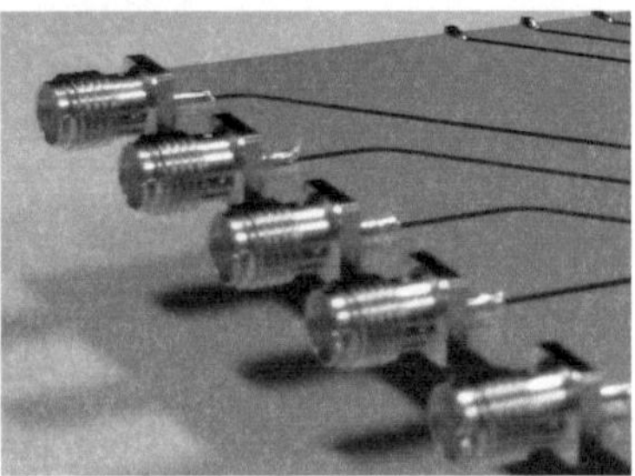

(b) SMA-Stecker

Bild 4.21.: Anschlüsse der Mikrostreifenleitungen

Von den 7 Antennenausgängen werden 3 jeweils mit 51 Ω Widerständen abgeschlossen, so dass nur 4 Ausgänge für den Aufbau des Arrays genutzt werden (4 baugleiche Antennen sind hierfür verfügbar).

4.7.2. Messung der S-Parameter

Die S-Parameter der hergestellten Rotman Linse werden am VNWA (Modell: Rohde & Schwarz ZVA 40) zwischen 20 MHz und 20 GHz vermessen. Die im Folgenden verwendete Nummerierung der Ports bezieht sich auf Bild 4.22.

In Bild 4.23 dargestellt, sind die Transmissionskurven von *Beam Port* 1 zu *Array Port* 1, die den jeweils äußersten Ports entsprechen. Dadurch, dass diese Ports nicht aufeinander ausgerichtet sind, stellt dieser Fall den *worst case* Fall der Transmissionskurven dar. Die Kurven aus Simulation (aufgrund der Simulationszeiten nur bis 11 GHz simuliert) und Messung bestätigen beide jeweils die Tendenz des analytischen Systemmodells. Dass die Kurven jeweils ca. 1 - 2 dB unterhalb liegen, ist darauf zurückzuführen dass im analytischen Modell keine Anpassungsverluste und auch keine ohmschen Verluste berücksichtigt wurden. Die Anpassung der *Ports* bleibt weiterhin auch für hohe Frequenzen erhalten (siehe Bild 4.24), so dass ein

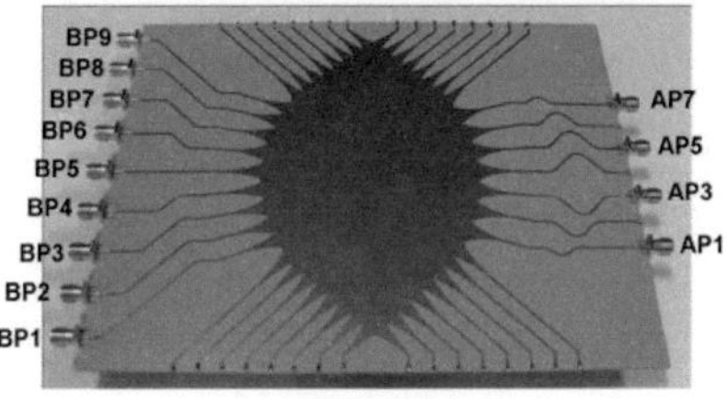

Bild 4.22.: Nummerierung der Ports

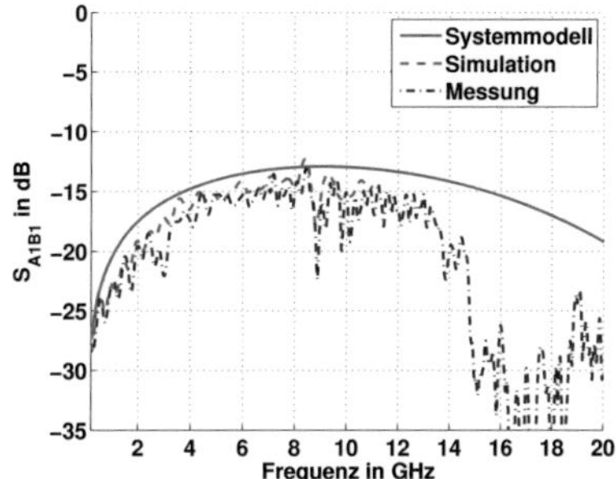

Bild 4.23.: Vergleich zwischen Messung, Simulation und analytischem Systemmodell (Transmission zwischen BP_1 und AP_1)

Anpassungsproblem als Ursache des Einbruchs ausgeschlossen werden kann. Der Einbruch der gemessenen Kurve ab ca. 13,7 GHz entsteht durch das Auftreten von immer mehr Moden, welche zu einem immer stärkeren Verlust über Abstrahlung führen. Desweiteren werden die *Beam-* und *Array Ports* immer direktiver mit steigender Frequenz, so dass die Übertragung durch die Parallelplattenregion zusammenbricht.

Dargestellt in Bild 4.24 ist die Näherung für die Anpassung des BP_1 aus (3.37) und die gemessene Kurve. Es wird deutlich, das die Näherung eine *best case* Abschätzung für die Anpassung liefert. Vor allem für die untere Grenzfrequenz ist damit die Breite eines Ports der entscheidende Faktor, der die Anpassung beeinflusst. Für höhere Frequenzen, in diesem Fall ab ca. 3 GHz nach unterschreiten der -10-dB-Marke, sind dann andere Faktoren, wie die Form des Tapers und die Güte der Stecker entscheidend für die Anpassung. Im Anhang finden sich die gemessenen Anpassungskurven von 5 Beam Ports im Frequenzbereich 3,1 GHz bis 10,6 GHz.

Es zeigt sich auch, dass die Verkopplung zwischen den *Beam Ports*, die im Systemmodell idealerweise als verschwindend angenommen wurden, vernachlässigt werden kann. Die Kur-

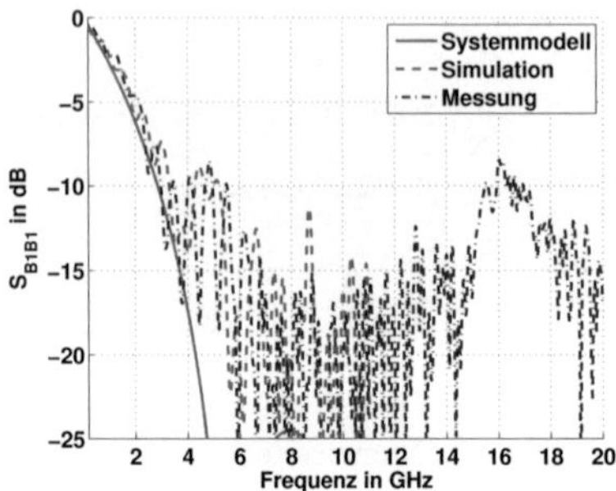

Bild 4.24.: Vergleich zwischen Messung und analytischem Ergebnis für die Anpassung für
BP_1

ven liegen jeweils unterhalb der Anpassungskurven und sollen hier der Übersicht halber nicht
dargestellt werden, da das Hauptaugenmerk auf den Transmissionsparametern liegt.

Ab Bild 4.25 sind jeweils die Transmissionskurven der *Beam Ports* 1, 3 und 5 hin zu den
4 Antennenanschlüssen in Betrag und Phase im relevanten Frequenzbereich von 3,1 GHz
bis 10,6 GHz dargestellt. Die Transmissionskurven der *Beam Ports* 2 und 4 finden sich im
Anhang. Es ist erkennbar, dass es gelungen ist, für den relevanten Frequenzbereich Amplituden mit geringer Varianz zu erzeugen. Die Phasen zeigen einen linearen Verlauf und deren
Abstände sind jeweils pro Frequenzpunkt äquidistant.

Aus der Addition der übertragenen Leistungen zu den Antennenanschlüssen kann man die
Verlustleistung im Verhältnis zur Speiseleistung des Systems berechnen. Dargestellt in Bild
4.28 ist jeweils die Verlustleistung bei Verwendung von 4 Antennen und bei Verwendung
von 7 Antennen. Wenn man in Betracht zieht, dass sich durch den physikalischen Aufbau
des Systems selbst für schmalbandige Anwendungen in der Regel Verluste in Höhe von 50
% ergeben, liefert das entwickelte System eine akzeptable Performance in Bezug auf die
Verluste.

Aus den gemessenen Transmissionsparametern und der Information der 4 Antennenposi-
tionen kann man nach (2.13) den Gruppenfaktor im Frequenzbereich und nach inverser Fouriertransformation und Anwendung von (2.34) den Gruppenfaktor im Zeitbereich berechnen.

Man erkennt, dass für alle Strahlrichtungen der Abstrahlwinkel über der Frequenz konstant bleibt und dass das *Beamforming* in einem Impuls stattfindet. Der *Beam Port* 1 trifft
die gewünschte Abstrahlwinkel von -45° (Bild 4.29) im kompletten Spektrum. Der zentrale
Beam Port erzeugt die zentrale Abstrahlrichtung 0° (Bild 4.31). Dabei muss beachtet werden,
dass der Gruppenfaktor nur für 4 Antennenanschlüsse berechnet ist. Bei Verwendung von 7
Antennen würde der Gewinn noch um ca. 5 - 6 dB steigen, da einerseits fast das Doppelte
der eingespeisten Leistung verwendet würde und außerdem das Maximum des Gewinns des
Gruppenfaktors proportional mit der Antennenanzahl steigt (2.18). Außerdem würden sich für

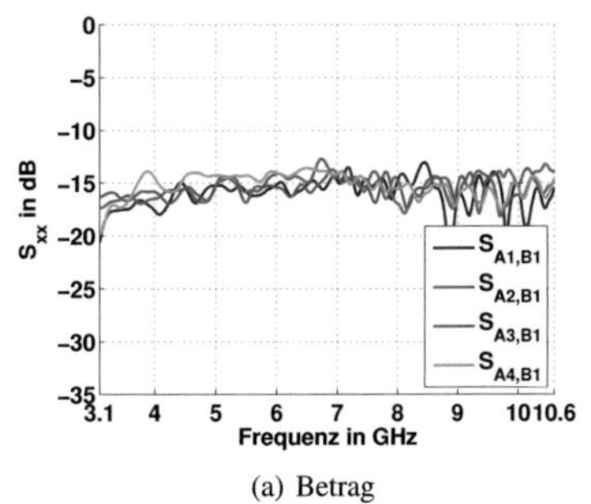
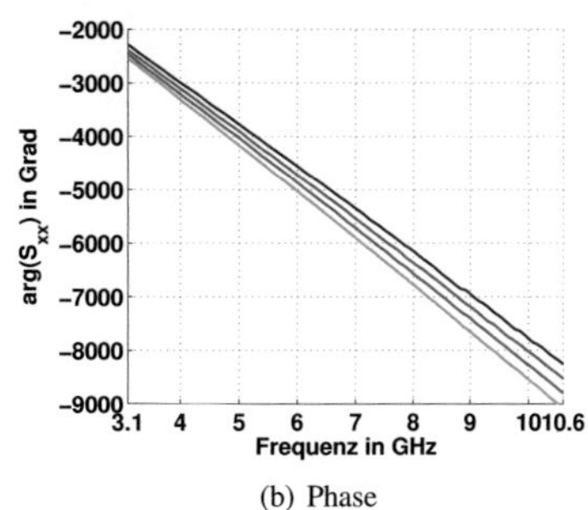

(a) Betrag   (b) Phase

Bild 4.25.: Transmission von *Beam Port* 1 zu den 4 Antennenanschlüssen

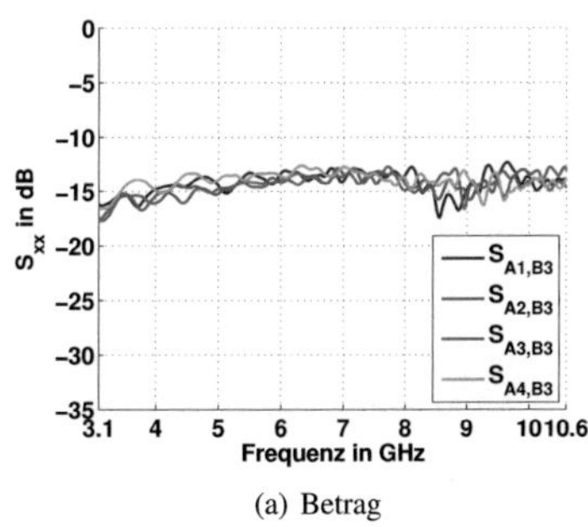
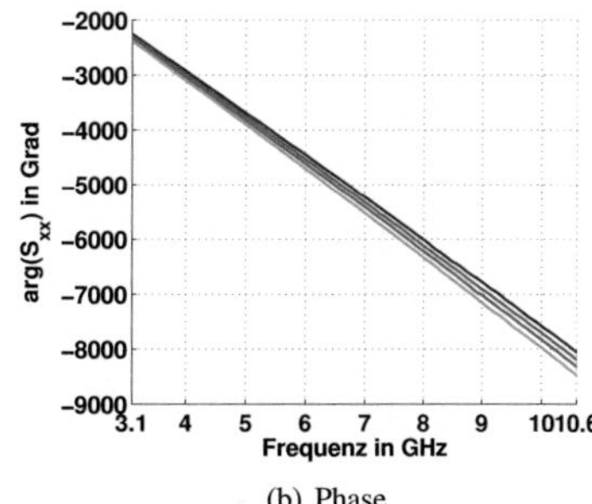

(a) Betrag   (b) Phase

Bild 4.26.: Transmission von *Beam Port* 3 zu den 4 Antennenanschlüssen

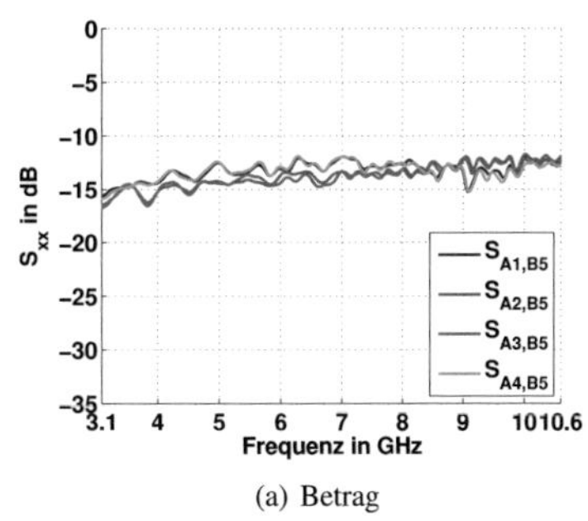
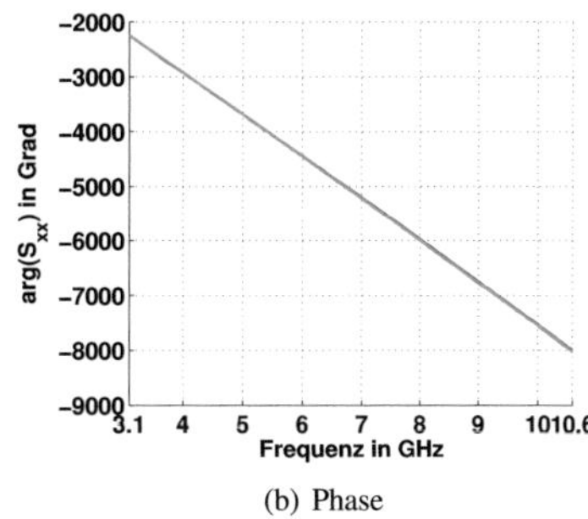

(a) Betrag   (b) Phase

Bild 4.27.: Transmission von *Beam Port* 5 zu den 4 Antennenanschlüssen

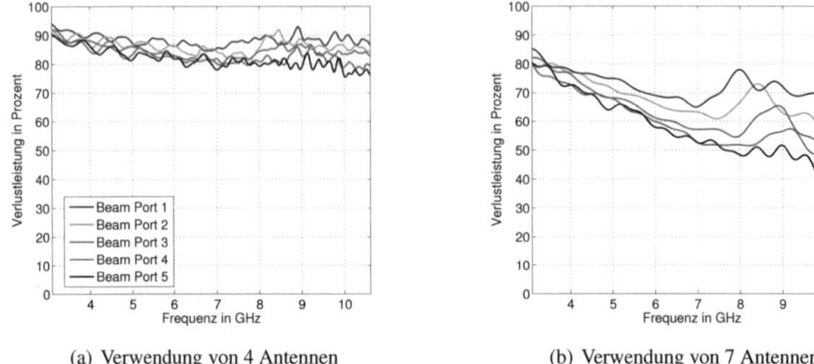

(a) Verwendung von 4 Antennen

(b) Verwendung von 7 Antennen

Bild 4.28.: Verluste der Rotman Linse

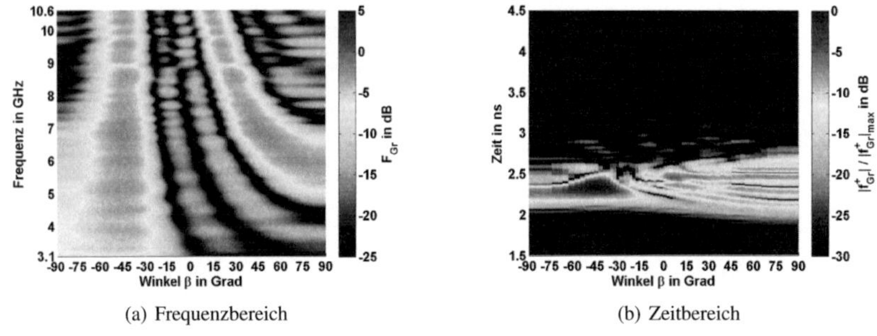

(a) Frequenzbereich

(b) Zeitbereich

Bild 4.29.: Gruppenfaktor *Beam Port* 1

diesen Fall die Abstände der *Grating Lobes* verdoppeln, da sich die Antennenabstände von 3 cm auf 1,5 cm halbieren.

4.7.3. Messung mit einer Antennengruppe

Um die Funktionsweise der Rotman Linse auch praktisch zu verifizieren wurde sie zusammen mit einer Gruppenantenne, bestehend aus 4 Vivaldi Antennen im Abstand 3cm, in der Antennenmesskammer auf ihre Richtcharakteristik hin vermessen. Der Messaufbau ist in Bild 4.32 zu erkennen. Die Vivaldi-Antennen, welche im Messaufbau verwendet werden, sind in [Sör07] unter dem Namen *Vivaldi 78x75* mit allen Messwerten zu finden. Die wichtigsten Werte finden sich in Tabelle 4.3.

In Bild 4.33 erkennt man, wie das Maximum der Richtcharakteristik wie erwünscht äquidistant von 0° nach -45° wandert. Die erwünschten Strahlrichtungen werden erreicht. Beim äußersten Beam verschwindet für hohe Frequenzen das Hauptmaximum, da das Einzelele-

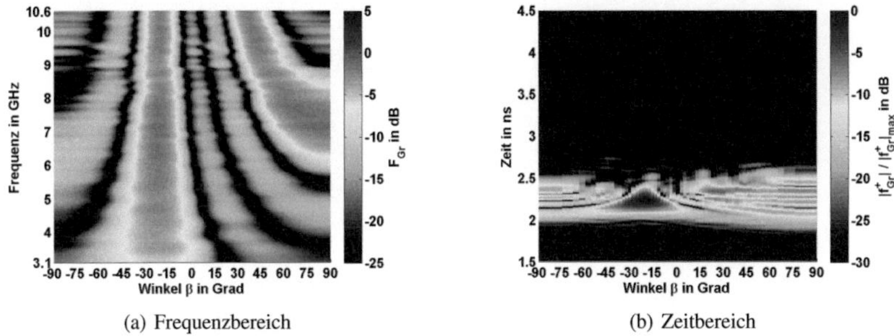

(a) Frequenzbereich   (b) Zeitbereich

Bild 4.30.: Gruppenfaktor *Beam Port* 3

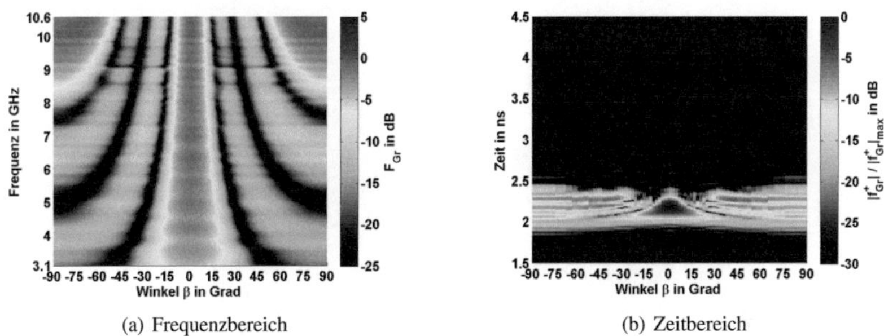

(a) Frequenzbereich   (b) Zeitbereich

Bild 4.31.: Gruppenfaktor *Beam Port* 5

Kenngröße	Wert
Frequenzen	2,5 - 11 GHz
Gewinn	2,0 dBi - 7,8 dBi
HPBW	$\approx 100°$
τ_{FWHM}	115 - 300 ps
$h_{\max}$	0,32 m/ns

Tabelle 4.3.: Kenngrößen der Antenne *Vivaldi 78x75* aus [Sör07]

Bild 4.32.: Messaufbau zur Messung der Richtcharakteristik

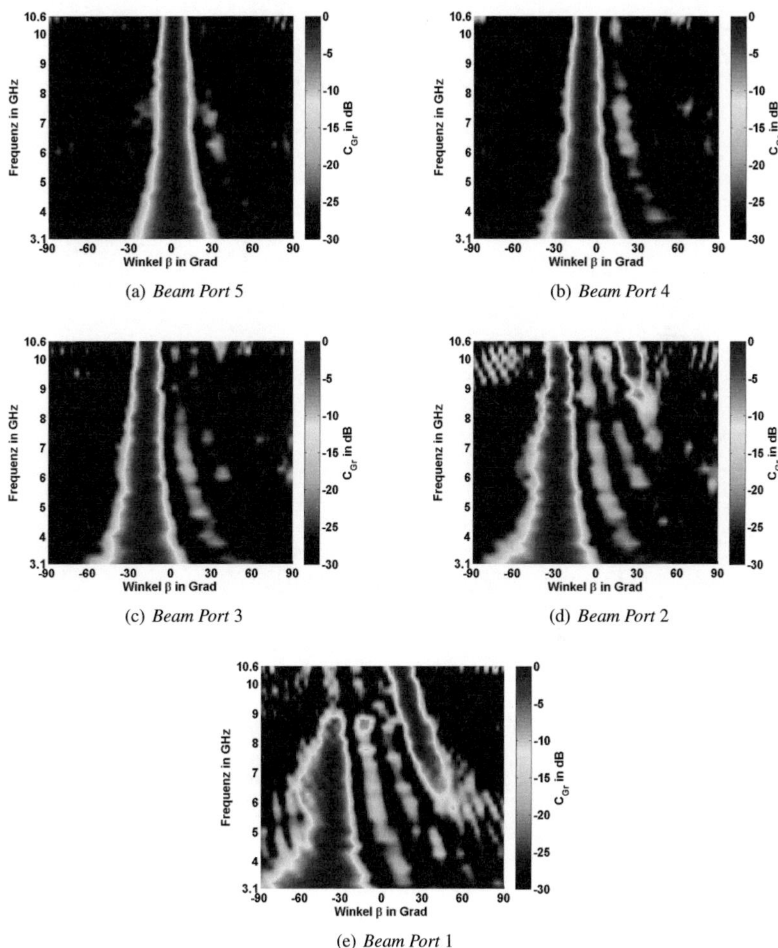

(a) *Beam Port* 5

(b) *Beam Port* 4

(c) *Beam Port* 3

(d) *Beam Port* 2

(e) *Beam Port* 1

Bild 4.33.: Gemessene Richtcharakteristiken in der E-Ebene des Arrays bei Beschaltung der *Beamports* 1-5

ment für hohe Frequenzen zu direktiv ist. Um hier die gewünschte Wirkung zu zeigen, müssten Antennen verwendet werden, deren HPBW im kompletten Spektrum mindestens 100° beträgt.

4.7.4. Zeitbereichsmessung und Auswertung der Gütekriterien

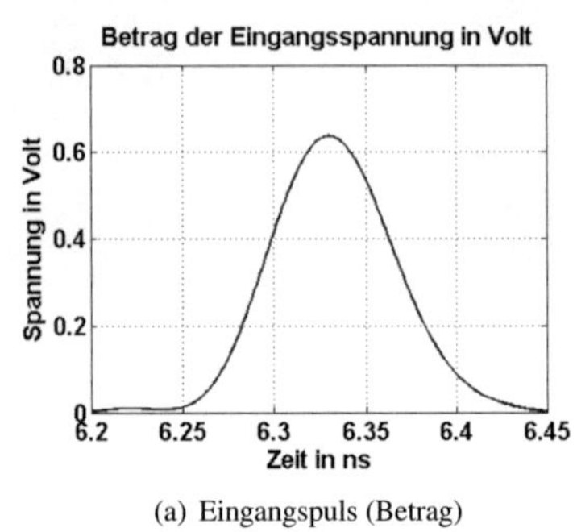

(a) Eingangspuls (Betrag)

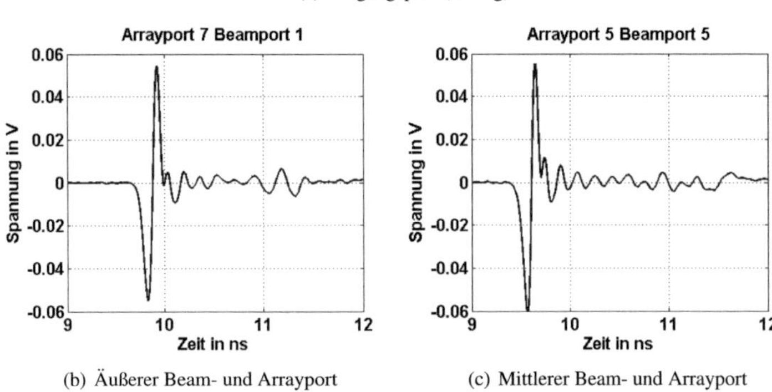

(b) Äußerer Beam- und Arrayport   (c) Mittlerer Beam- und Arrayport

Bild 4.34.: Gemessene Eingangs- und Ausgangspulse an der UWB-Linse

In Bild 4.34 sieht man die gemessenen Ausgangssignale der UWB-Linse für den Messaufbau in Bild 4.35. Als Pulsquelle dient ein *Picosecond Model 3600 Impulse Generator* und als Osilloskop wird ein *Agilent infinium* verwendet. Es ist zu erkennen, dass sich der Ausgangspuls deutlich vom Eingangspuls unterscheidet. Zur Interpretation des Messergebnisses benötigt man den Zusammenhang eines Gauß'schen Pulses und dessen 1. Ableitung nach der Zeit:

$$a(t) \;=\; Ce^{-2\pi \frac{t^2}{\tau_0^2}} \tag{4.15}$$

$$\frac{d}{dt}a(t) \;=\; -C4\pi \frac{t}{\tau_0^2}e^{-2\pi \frac{t^2}{\tau_0^2}} \tag{4.16}$$

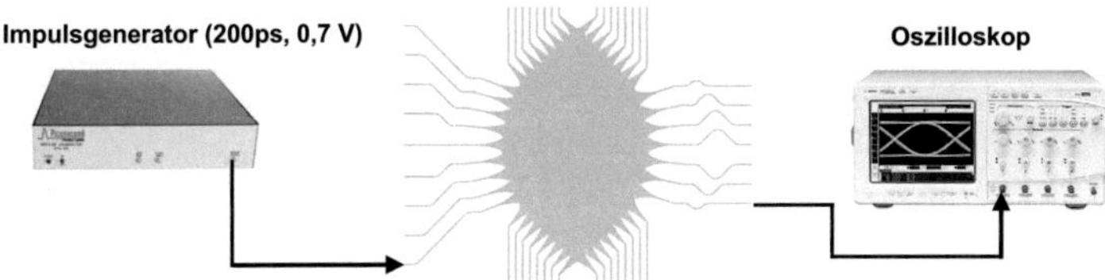

Bild 4.35.: Messaufbau für die Zeitbereichsmessung

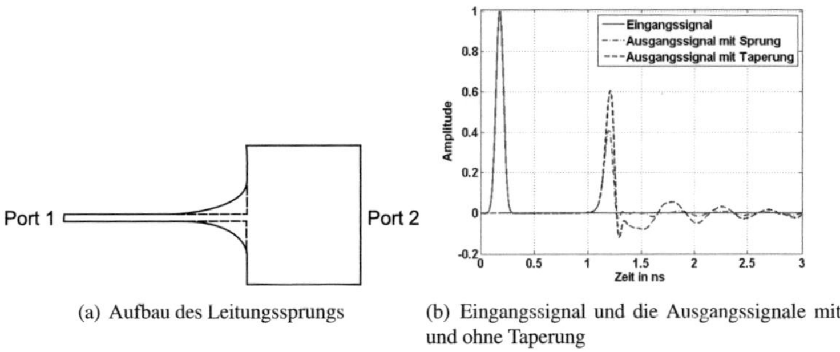

(a) Aufbau des Leitungssprungs

(b) Eingangssignal und die Ausgangssignale mit und ohne Taperung

Bild 4.36.: Ableitung des Pulses innerhalb einer Taperung

Hierbei ist $a(t)$ die Amplitude über der Zeit, $\tau_0 = \frac{T_{FWHM}}{0,66}$ stellt eine von der *full width half maximum* abhängige Konstante des Pulses dar und C ist eine beliebige Konstante. Diese beiden Pulse sind gemäß ihrer Gleichungen in Bild 4.37 dargestellt.

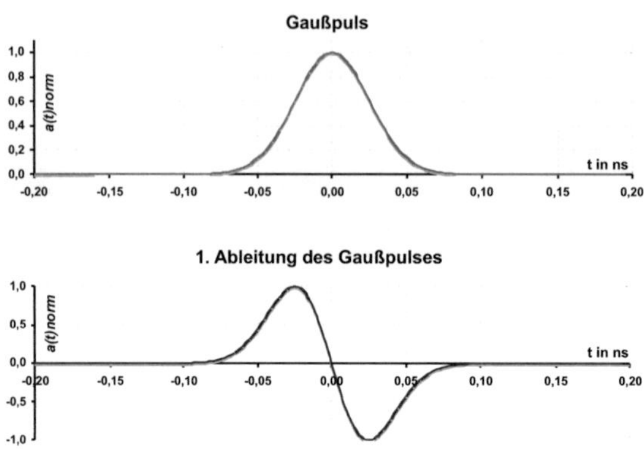

Bild 4.37.: oben: Gauß'scher Puls, unten: 1. zeitliche Ableitung des Gauß'schen Pulses

Berücksichtigt man, dass die verwendete Signalquelle einen negativen, gaußförmigen Spannungspuls liefert, dessen Betrag in Bild 4.34a dargestellt ist, so ist zu erkennen dass das Ausgangssignal einer Ableitung des Eingangssignals entspricht. Da es sich um eine rein passive Struktur handelt, kann dieses ableitende Verhalten nur in der geometrischen Form begründet sein. Da weder eine gerade Mikrostreifenleitung noch eine Parallelplattenregion einen ableitenden Charakter haben, liegt die Vermutung nahe, dass die Taperungen der Ports zu diesem Verhalten führen. Hierzu wurde ein einfaches Simulationsmodell in *CST Microwave Studio* erstellt (siehe Bild 4.36a). Das Bild 4.36b zeigt den Vergleich der Ausganssignale an Port 2, mit und ohne Taperung. Es ist zu erkennen, dass sich durch die Taperung ein ableitendes Verhalten ergibt.

Das Eingangssignal enthält Komponenten von 0-10 GHz und die schmale Mikrostreifenleitung ist auf den Frequenzbereich von 3-10 GHz angepasst. Es erreichen 5% - 18% der am Eingangsport verfügbaren Signalenergie den Ausgangsport im Anschluss an den Hauptpuls in Form von Reflexionen.

Zur Verifikation der Zeitbereichsmessung wurden aus dieser die S-Parameter bestimmt und mit der NWA-Messung verglichen (Bild 4.38). Es zeigt sich eine Übereinstimmung der beiden Messungen, allerdings unterliegt die Zeitbereichsmessung stärkeren Schwankungen. Zum einen liegt das am beschränkten Dynamikbereich des Oszilloskops und zum anderen an der Entfaltung, durch welche das additive Rauschen verstärkt wird (Siehe Anhang A.10).

Alle Messergebnisse der UWB-Linse finden sich im Anhang A.12.

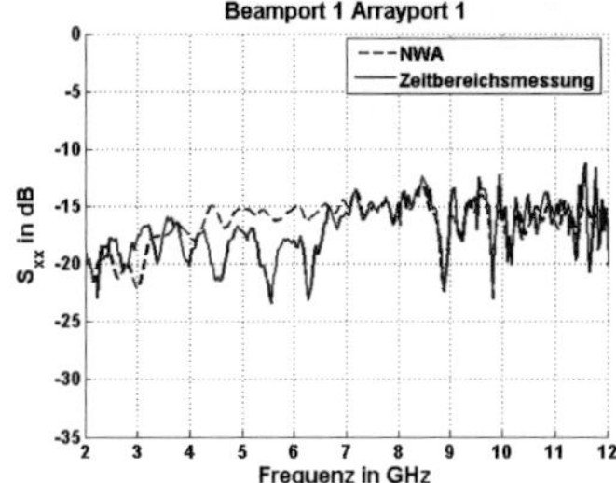

Bild 4.38.: Vergleich der S-Parameter von Frequenz- und Zeitbereichsmessung

Die Gütekriterien werden nach den Formeln in Kapitel 2.5 und 2.6 anhand von Simulation und Messung berechnet und sind in Bild 4.39 dargestellt. Aufällig ist, dass die Simulationsergebnisse deutlich schwankendere Werte für die Gütekriterien h_{max}, τ_{FWHM} und τ_{ringing} aufweisen. Dies ist auf Simulationsgegebenheiten zurückzuführen, denn das Simulationprogramm erstellt für jeden Port ein eigenes Gitternetz zur Lösung des elektromagnetischen Problems. In Bild 4.39(a) und Bild 4.39(c) ist zu beobachten, dass die Messkurven nur für BP_5, also den mittleren *Beam Port*, symmetrisch sind. Dies steht auch zu erwarten, da nur für diesen Port die Struktur symmetrisch ist. Die Bewertung der Zeitbereichsgütekriterien ist nur sinnvoll im Vergleich mit jenen der verwendeten Antenne (siehe Tabelle 4.3). Die wichtigste Vergleichsgröße ist die Impulsverbreiterung τ_{FWHM} welche für BP_5 bei 200 ps liegt und damit in der Größenordnung des Wertes der Antenne selbst. Die maximale Amplitude der Impulsanwort h_{max} liegt im Mittel zwischen 0,12 (BP_1) und 0,19 (BP_5), was etwas unterhalb des Maximums der Impulsantwort der verwendeten Antenne liegt (vgl. 4.3). Die Impulsverbreiterung in Bild 4.39(d) verläuft bei der Messung für alle *Beam Ports* nahezu konstant über den *Arrayports*. Die Standardabweichung der Gruppenlaufzeit der Signale durch die Rotman-Linse liegt im Femtosekundenbereich (siehe Bild 4.40).

4.8. Bewertung der Messergebnisse

Der Prototyp setzt die in Kapitel 4.1 genannten Forderungen sehr gut um. Die Transmissionskurven zeigen einen Verlauf des Betrags mit geringer Varianz über dem kompletten UWB-Frequenzband. Die Phasen zeigen einen linearen Verlauf. Die geringe Welligkeit der Beträge der Transmissionsparameter zeigt außerdem, dass störende Reflexionen innerhalb der Parallelplattenregion nur in geringem Maß vorhanden sind.

Die Phasenfehler sind sehr gering und die berechneten Gruppenfaktoren und die gemessenen Richtcharakteristiken zeigen, dass deren Auswirkungen verschwindend sind. Die erwünschten Beamrichtungen werden im kompletten Spektrum getroffen. Der Gruppenfaktor im Zeitbereich zeigt außerdem, dass die Dispersion innerhalb der Rotman Linse gering ist, allerdings zu den äußeren *Beam Ports* hin zunimmt.

Beim Betrachten der Transmissionskurven über den UWB-Bereich hinaus wie in Bild 4.23

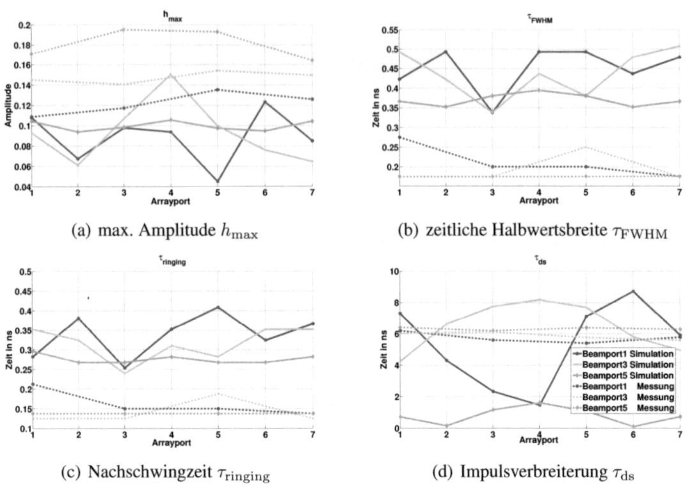

(a) max. Amplitude h_{max}

(b) zeitliche Halbwertsbreite τ_{FWHM}

(c) Nachschwingzeit τ_{ringing}

(d) Impulsverbreiterung τ_{ds}

Bild 4.39.: Gütekriterien UWB-Linse - Vergleich zwischen Simulation und Messung (gestrichelte Linien: Messung)

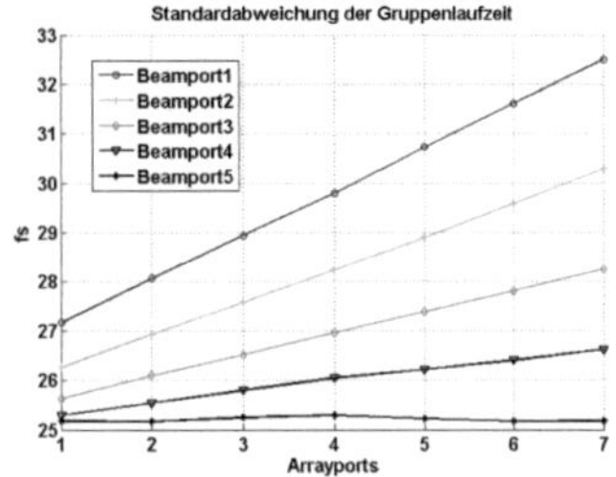

Bild 4.40.: Standardabweichung der Gruppenlaufzeit

zeigt sich jedoch auch, dass die erreichbare Bandbreite, wie auch durch das analytische Systemmodell beschrieben, durch das frequenzabhängige Verhalten der Ports eingeschränkt ist. Der Vergleich der gemessenen Anpassungen mit dem analytischen Ansatz zeigt außerdem, dass die Portbreite der entscheidende Faktor für die untere Grenzfrequenz ist. Die Formeln des analytischen Systemmodells bieten insgesamt eine zutreffende Brschreibung für das Verhalten der Rotman Linse, sofern die *Dummy Port* Bereiche sorgfältig ausgeführt werden.

Bei der Verwendung von transienten Eingangspulsen, wie z.B. einem gaußförmigen Spannungsimpuls, tritt ein bisher in der Literatur nicht beschriebenes Phänomen auf. Der Eingangspuls wird abgeleitet, was auf die Mikrostreifentaper zurückzuführen ist.

Die Auswertung der Zeitbereichgütekriterien zeigt, dass die Impulsverbreiterung durch die Rotman-Linse etwa genauso groß ist wie durch die verwendete Vivaldi-Antenne. Da es sich bei der Rotman-Linse um eine passive Struktur handelt deren Effizienz durch die *Dummy Ports* von vorne herein beschränkt ist, ist mit einer deutlichen Reduzierung der Amplitude des Eingangsimpulses zu rechnen.

4.9. Technische Alternativen für *True Time Delay*

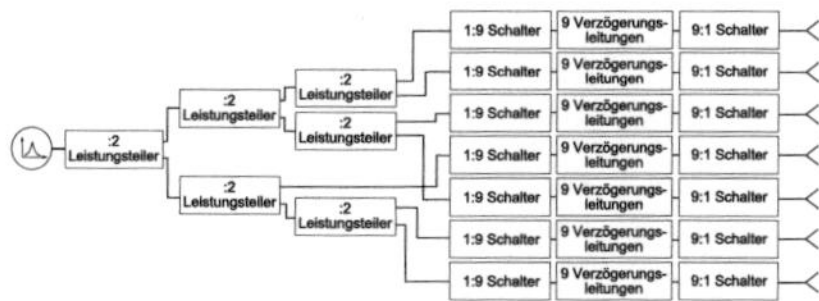

Bild 4.41.: Alternativaufbau zur Rotman-Linse

Die Abschnitte über die Leistungsbetrachtung der Rotman-Linse sowie über die Zeitbereichsgütekriterien zeigen, dass die Verwendung einer Rotman-Linse nicht in jeder Hinsicht optimal ist. Eine Betrachtung der Alternativen zur Rotman-Linse ergibt, dass diese ebenfalls nicht ideal sind. Bild 4.41 zeigt einen möglichen Alternativaufbau. Hierbei handelt es sich um einen Aufbau mit geschalteten Leitungen. Zuerst muss das Eingangssignal auf 7 Signalpfade aufgeteilt werden für das 7-Element Array. Für jede Beamrichtung benötigt man nun eine Verzögerungsleitung mit einer bestimmten Länge, d.h. 9 Verzögerungsleitungen pro Antenne. Um zwischen den Verzögerungsleitungen umschalten zu können werden ausserdem davor und danach jeweils sieben 1:9 und 9:1-Schalter benötigt. Man erkennt, dass der Aufbau insgesamt sehr aufwändig wird. Jede Komponente, die verbaut werden muss, kann die Breitbandigkeit reduzieren, hat Verluste und kann ausfallen. Jede zusätzliche Komponente kostet darüber hinaus auch zusätzlich Geld und verteuert den Aufbau. Einen weiteren Vorteil der Rotman-Linse fehlt diesem Aufbau außerdem vollständig: Es ist keine gleichzeitige Aussteuerung verschiedener Beams möglich.

5. Entwicklung einer antipodalen Vivaldiantenne für HPEM-Systeme

5.1. Ultrabreitbandige, impulsabstrahlende Antennen für hohe Leistung

In diesem Abschnitt werden verschiedene Möglichkeiten aufgezeigt, einen elektromagnetischen Impuls abzustrahlen. Neben Gewinn und Richtcharakteristik der dazu verwendeten Antennen werden auch deren Abmessungen diskutiert. Zusätzlich zur nötigen Breitbandigkeit sollten die einzelnen Spektralbereiche des Impulses annähernd gleichzeitig abgestrahlt werden, um eine Verzerrung des Impulses zu vermeiden und somit eine hohe Spitzenfeldstärke zu erreichen. Resonante Antennen, wie beispielsweise die logarithmische YAGI- Antenne, kommen daher nicht in Betracht [Sör07].

5.1.1. TEM-Hornstrahler mit linearer Taperung

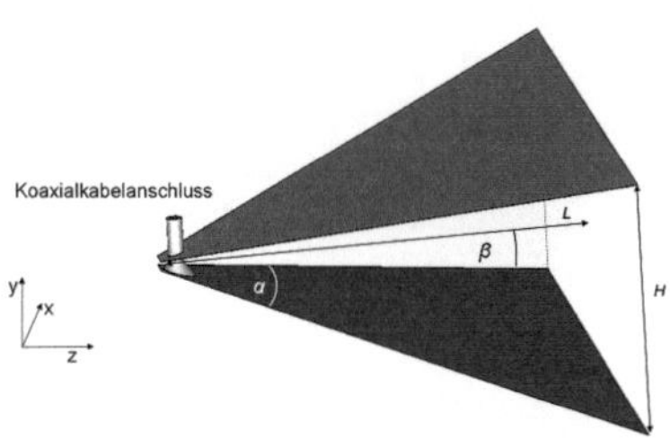

Bild 5.1.: einfacher TEM Hornstrahler

Bei dieser Antennenform handelt es sich um eine aus zwei leitenden Platten bestehende Wanderfeldstruktur (siehe Bild 5.1). Die für eine untere Grenzfrequenz von $f = 200\text{MHz}$ erforderlichen Abmessungen können mit den Abhandlungen in [FB92] abgeschätzt werden. Für diese untere Grenzfrequenz des gewünschten Frequenzbereichs müsste die Antenne somit cinc Mindestlänge von $L = 239\text{mm}$ aufweisen. Dieser theoretische Wert lässt sich allerdings gemäß [LS04] im praktischen Aufbau nicht bestätigen. Hier sind weitaus größere Ausmaße erforderlich, um bei 200MHz eine Abstrahlung mit Richtwirkung zu erziehlen. Es ist eine Antennenlänge von mehreren Wellenlängen ($4\lambda < L < 5\lambda$), hier also 6 - 7,5 m notwendig, um eine definierte Hauptstrahlrichtung und eine Anpassung der Antenne zu erreichen.

Allerdings ist zu beachten, dass zur Erzeugung von sehr hohen Feldstärken $> 100\text{kV}/\text{m}$ mit sehr kurzen Pulsanstiegszeiten $< 1\text{ns}$ TEM-Hörner eine gute Wahl darstellen [PBT04], [CGN01].

5.1.2. TEM-Hornstrahler mit exponentieller Taperung

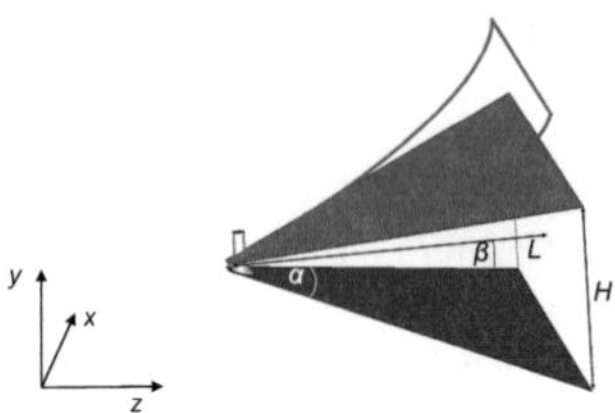

Bild 5.2.: TEM-Horn mit schematisch in rot eingezeichneter exponentieller Taperung

Um die Eigenschaften des linear getaperten TEM- Hornstrahlers zu verbessern, kann eine exponentielle Taperung verwendet werden (siehe Bild 5.2). In [CPC05] findet sich diese Antennenform mit $L = 1000\text{mm}$ simuliert, aufgebaut und vermessen.

Eine Anpassung mit $S_{11} < -9\text{dB}$ wird hier im Frequenzbereich zwischen 68MHz und 1574MHz erreicht. Es kann folglich in der Anpassung mit $1 : 23$ die dreifache Bandbreite verglichen mit einem vermessenen linear getaperten TEM-Horn erreicht werden. Richtwirkung erzielt die Antenne jedoch erst ab ca. 300MHz mit einem Gewinn zwischen 5dBi und 13,5dBi. Somit sinkt die effektive Bandbreite auf $1 : 4$. Eine weitere Antenne wurde in [BRM06] entwickelt und aufgebaut. Mit $L = 600\text{mm}$, $H = 500\text{mm}$ und einer Breite von ebenfalls 500mm sind ihre Ausmaße deutlich geringer. Hier konnte eine Bandbreite von $1 : 11$ im Frequenzbereich von 447,5MHz bis 5GHz gemessen werden.

Eine Skalierung der Antennenabmessungen bezogen auf die untere Grenzfrequenz soll im Folgenden eine Abschätzung der Antennendimensionen für den in dieser Arbeit geforderten Frequenzbereich von 200MHz bis 5GHz ergeben. Somit erreicht die skalierte Antenne eine Länge $L = 1343\text{mm}$ mit der Höhe $H = 1119\text{mm}$.

5.1.3. *Impulse Radiating Antenna* (IRA)

Bei der *Impulse Radiating Antenna* (IRA, siehe Bild 5.3) handelt es sich um eine Reflektorantenne, die durch zwei konische Stäbe und einen metallischen Spiegel eine hohe Richtwirkung erzielt.

Weiter konnte in [Bau93] gezeigt werden, dass sich eine IRA bei vergleichbaren Gesamtabmessungen durch eine höhere Spitzenfeldstärke verglichen mit einem linear getaperten TEM-Horn auszeichnet.

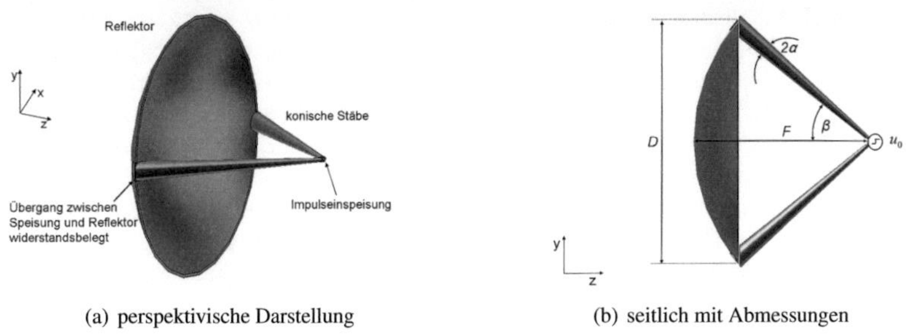

(a) perspektivische Darstellung

(b) seitlich mit Abmessungen

Bild 5.3.: Impulse Radiating Antenna

Es wurde eine IRA mit einem Durchmesser von $D = 1,6$m untersucht. Diese kann ab einer Frequenz von ca. 100MHz eine über das Frequenzspektrum annähernd konstante E-Feldamplitude liefern.

Das in dieser Arbeit geforderte Frequenzspektrum von 200MHz bis 5GHz kann problemlos mit einer IRA abgedeckt werden. Eine abschätzende Skalierung wie in Abschnitt 5.1.1 für die untere Grenzfrequenz 200MHz, ergibt so ein Spiegeldurchmesser von $D = 0,8$m.

5.1.4. Antipodale Vivaldi-Antenne

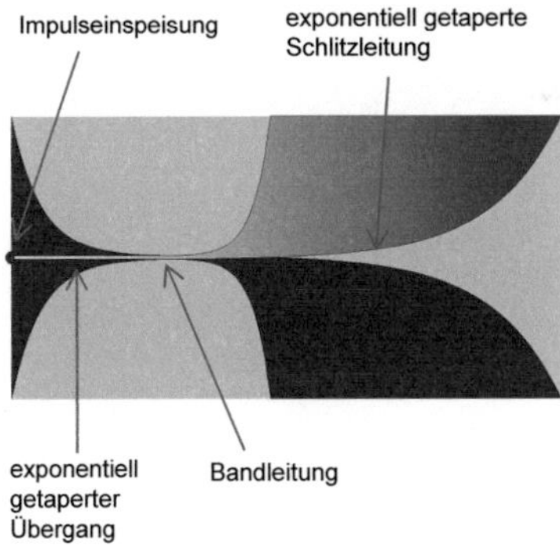

Bild 5.4.: antipodale Vivaldi-Antenne

Bei der antipodalen Vivaldi-Antenne erfolgt die Einspeisung des Impulses durch einen N-Stecker. Der Balun zur Symmetrierung des Signals ist durch einen möglichst stetigen Übergang von der Mikrostreifenleitung zur Bandleitunge realisiert. Die Begrenzung der Bandbreite durch den Balun kann damit minimiert werden [LHN99]. Direkt daran anschließend weitet sich die Bandleitung exponentiell zu einer Schlitzleitung auf. Hier zeigt sich ein Vorteil der antipodalen Bauart: Da sich die Schlitzleitungsteile auf unterschiedlichen Substratseiten befinden, werden die unterschiedlichen Potentiale durch das Substrat getrennt. Am IHE durchgeführte Untersuchungen [Mül05] zeigen, dass bei statischer Hochspannungseinspeisung erst ab 3,5kV Spannungsüberschläge am Speisepunkt auftreten. Die Spitzenspannung eines transienten Spannungspulses kann bei entsprechend geringer Anstiegszeit und Pulsdauer höher ausfallen, als die in statischen Versuchen gemessene Spitzenspannung. So wird z.B. in [WHL03] auf eine TEM-Zelle mit N-Stecker ein transienter 25 kV Spannungspuls gegeben.

Die antipodale Vivaldi-Antenne wird ausführlich simulativ untersucht und anschließend ein Prototyp für den geforderten Frequenzbereich entwickelt [LPRZ09]. Dabei wird die Antenne immer so betrachtet, dass die Ebene der elektrischen Feldvektoren im Azimut liegt. Auf die Entwicklung einer IRA oder eines TEM-Horns wird aufgrund der zu erwartenden Abmessungen und auch dem damit verbundenen Gewicht verzichtet.

5.2. Geometrie der antipodalen Vivaldi- Antenne

Die einfachste Version der hier verwendeten Vivaldi-Antenne ist in Bild 5.5 zu sehen. Ausgehend vom Anschluss des Koaxialkabels, der sich bei $x = 0$ und $y = \frac{b}{2}$ befindet, besteht die Antenne aus einer Mikrostreifenleitung der Breite m, die kontinuierlich in eine Bandleitung bis zu $x = L_S$ übergeht. Diese wiederum weitet sich zu einer Schlitzleitung bis zur Stelle $x = L$ auf.

Die Form dieser sich exponentiell aufweitenden Schlitzleitung berechnet sich wie folgt:

$$y = e^{r_v(x - L_S)} + \frac{b}{2} - \frac{m}{2} - 1 \text{ mit } x > L_S \tag{5.1}$$

mit

$$r_v = \frac{1}{L - L_S} \cdot \ln\left(\frac{b}{2} + \frac{m}{2} + 1\right).$$

Die Form der Flügelaußenseiten setzt sich aus einer Gerade der Länge L_{FA} und einer Exponentialfunktion zusammen:

$$y = e^{r_h(x - L_S)} + \frac{b}{2} - \frac{m}{2} - 1 \tag{5.2}$$

mit

$$r_h = \frac{1}{L - L_{FA} - L_S} \cdot \ln\left(\frac{b}{2} - \frac{m}{2} + 1\right).$$

Die Form der zu einer Bandleitung übergehenden Massefläche zwischen $x = 0$ und $x = L_S$ berechnet sich durch

$$y = e^{-r_S(x - L_S)} + \frac{b}{2} + \frac{m}{2} - 1 \tag{5.3}$$

mit

$$r_S = \frac{1}{L_S} \cdot \ln\left(\frac{b}{2} - \frac{m}{2} + 1\right)$$

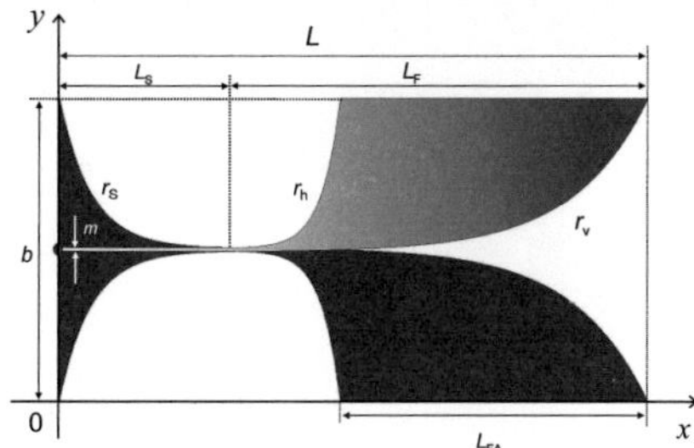

Bild 5.5.: Geometrie der antipodalen Vivaldi-Antenne

Der Bereich zwischen $0 \leq x \leq L_\mathrm{S}$ wird als Speisung und der Bereich $L_\mathrm{S} \leq x \leq L$ als Flügel bezeichnet. Hat man die nötigen Kurven für $y \geq \frac{b}{2}$ berechnet, so lassen sich die Kurven für $y \leq \frac{b}{2}$ durch eine Achsenspiegelung an $y = \frac{b}{2}$ konstruieren (z.B. in einem CAD-Programm).

5.3. Untersuchungen zur Verbesserung des Abstrahlverhaltens

Im Folgenden werden Methoden zur Optimierung des Abstrahlverhaltens untersucht. Das Ziel ist, möglichst viel der eingespeisten Leistung in Hauptstrahlrichtung abzustrahlen.

5.3.1. Einsatz unterschiedlicher Substratmaterialien

Da die Vivaldi- Antenne in einem Bereich eingesetzt werden soll, in dem die Ausdehnung in y- Richtung (vgl. Bild 5.5) so gering wie möglich gehalten werden muss, werden die Simulationen jeweils mit einer Ausdehnung in y- Richtung von 500mm durchgeführt. Mit Hilfe der einfachen Abschätzung, dass eine Vivaldi- Antenne mindestens eine Breite von $b = \frac{\lambda}{2}$ haben muss, ist mit schlechten Abstrahleigenschaften für Frequenzen $f < 300\mathrm{MHz}$ zu rechnen.

Unter Verwendung des oben beschriebenen Aufbaus werden 4 Antennen mit einer Länge $L = 1000\mathrm{mm}$ simuliert. Die Subsrate haben dabei eine Dielektrizitätskonstante von $\epsilon_\mathrm{r} =2{,}2$; 3,5; 6,0 und 10,0. Die Breite der Mikrostreifenleitung m ist an das jeweilige Substrat angepasst.

Eine Erweiterung der Bandbreite hin zu niedrigen Freuquenzen durch Erhöhung der Dielektrizitätskonstante, wie in [KS06] bei einseitig geätzten Vivaldi-Antennen gezeigt wird, kann nicht bestätigt werden. Mit steigender Dielektrizitätskonstante sinkt in der Anpassung der Durchgang der -10-dB Marke nicht signifikant ab, im Gegenzug aber reduziert sich die Bandbreite durch Fehlanpassung im oberen Frequenzbereich drastisch. Zudem steigt am oberen Ende des Frequenzbandes die Welligkeit des Reflektionsfaktors an (siehe Bild 5.6).

Die Abmessungen der in [KS06] untersuchten Antennen mit $b = 20\mathrm{mm}$ und $L = 240\mathrm{mm}$ legen die Vermutung nahe, dass es sich bei der erreichten Anpassung zischen 350MHz und 2 GHz um eine Dipolabstrahlung handelt. Dabei würde die Schlitzleitung der Vivaldi-Antenne

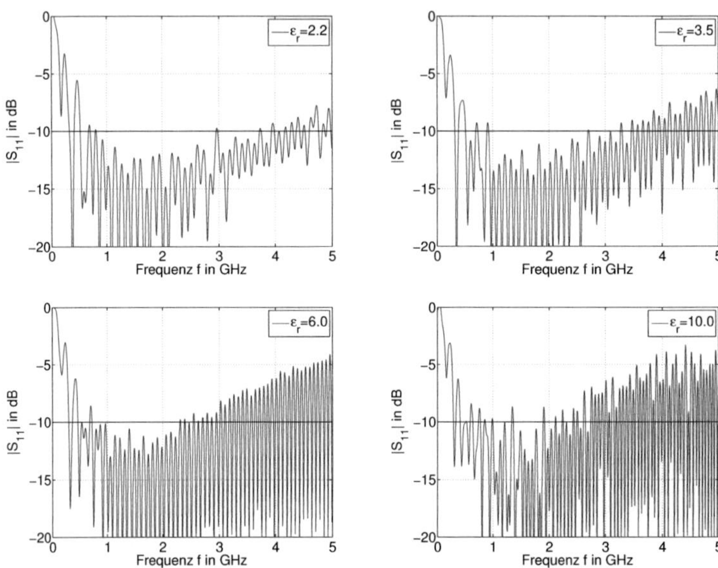

Bild 5.6.: Anpassung der antipodalen Vivaldi-Antennen mit ϵ_r =2,2; 3,5; 6,0 und 10,0

als Dipol fungieren. Für die untere Grenzfrequenz von 350MHz entspräche dies einer Gesamtlänge des Dipols von $\lambda/2$.

Die Erkenntnis, dass es keinen Zusammenhang der Permittivität mit der Erweiterung des Anpassungsbereichs hin zu niedrigeren Frequenzen in Abhängigkeit von $\sqrt{\epsilon_r}$ gibt kann hingegen bestätigt werden [LHN99].

5.3.2. Unterschiedliche Antennenlängen

Im nächsten Schritt werden die Auswirkungen auf die Anpassung und die Abstrahlungseigenschaften der Antenne mit $\epsilon_r = 2{,}2$ unter Veränderung der Länge L untersucht. Die Länge der Speisung L_S bleibt dabei zunächst unverändert, lediglich die Länge der abstrahlenden Flügel L_F wird erhöht. Deutlich zeigt sich hier eine Verschiebung der Anpassungskurve unter 1 GHz und ein größerer Gewinn (siehe Bild 5.7).

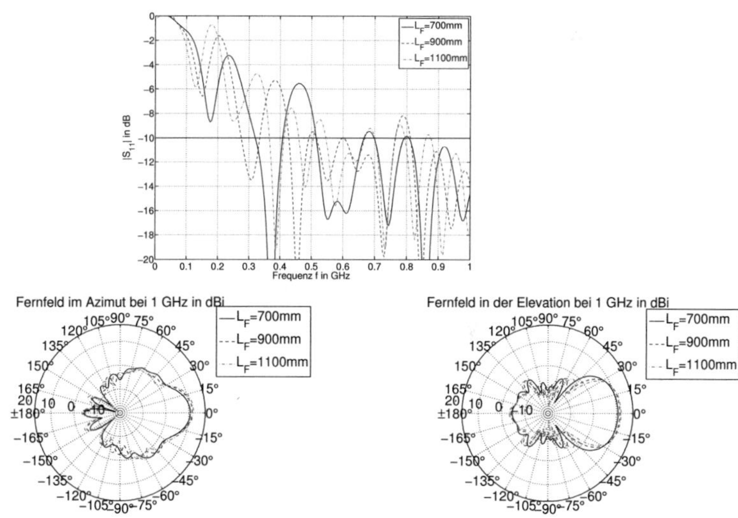

Bild 5.7.: Anpassung (oben) und Fernfeld (unten) der antipodalen Vivaldi-Antenne unter Variation der Länge L_F

Nachfolgend wird nun die Länge der Antennenspeisung L_S betrachtet. Unter Veränderung dieser sind wieder unterschiedliche Anpassungen beobachtbar. Jetzt bleibt der Antennengewinn weitgehend unverändert (siehe Bild 5.8). Deutlich sichtbar ist hier aber eine Verschiebung der Hauptstrahlrichtung im Azimut bei $L_\mathrm{S} = 100$mm. Unter einem gleichbleibenden Gewinn von 10,4dBi ändert sich die Richtung der Hauptkeule um $-4°$. Diese Beobachtungen legen die Vermutung nahe, dass bei einer zu klein gewählten Länge L_S die Antenne durch ihren unsymmetrischen Aufbau ihre Haupstrahlrichtung verändert. Dieses Phänomen soll hier weiter untersucht werden.

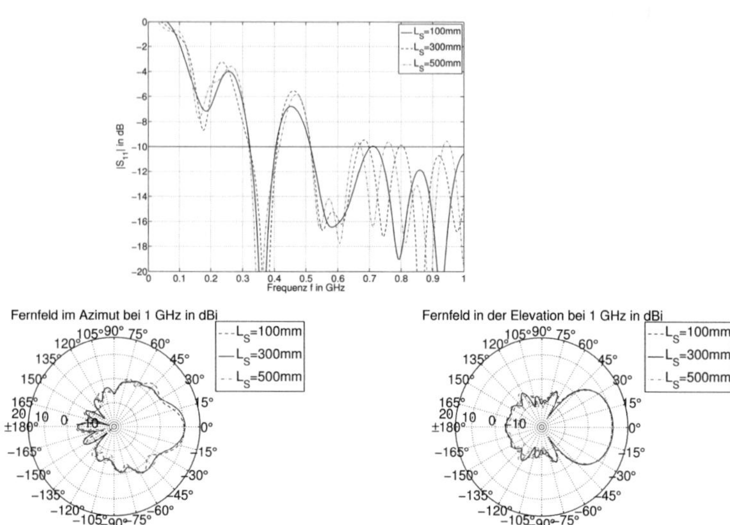

Bild 5.8.: Anpassung (oben) und Fernfelder (unten) der antipodalen Vivaldi-Antenne unter Variation der Länge L_S

Da alle Antennen bei $f = 1\,\mathrm{GHz}$ gut angepasst sind, werden auch hier die Fernfelder bei dieser Frequenz betrachtet. Simuliert werden wieder die bis auf die Speisung unveränderten Antennen. Diese wird zu $L_S = \frac{\lambda_{1\mathrm{GHz}}}{8} = 37{,}5\,\mathrm{mm}$, $L_S = \frac{\lambda_{1\mathrm{GHz}}}{4} = 75\,\mathrm{mm}$ und $L_S = \frac{\lambda_{1\mathrm{GHz}}}{2} = 150\,\mathrm{mm}$ gewählt. Das Bild 5.9 zeigt die Fernfelder dieser Antennen im Azimut. Bei unverändertem Gewinn weisen die kürzeren Antennen mit $L_S = 37{,}5\,\mathrm{mm}$ und $L_S = 75\,\mathrm{mm}$ eine veränderte Hauptstrahlrichtung um jeweils $-4°$ auf. Bei $L_S = 150\,\mathrm{mm}$ ist dies nicht mehr zu beobachten.

Die Länge der Speisung sollte also mit $L_S \approx \frac{\lambda_{max}}{2}$ der niedrigsten abzustrahlenden Frequenz ausreichend groß gewählt werden.

5.3.3. Kreisförmiges Substrat in Abstrahlrichtung

Bisher endet das Substrat der Vivaldi- Antenne zusammen mit der Schlitzleitung bei $x = L$. Durch eine kreisförmige Erweiterung des Substrates (siehe Bild 5.10) könnte eine Verbesserung des Abstrahlverhaltens erreicht werden (vgl. [LHN99]). Eine zentrale Rolle dieses Ansatzes spielt dabei, dass es sich bei den in Abstrahlrichtung aus dem Substrat austretenden

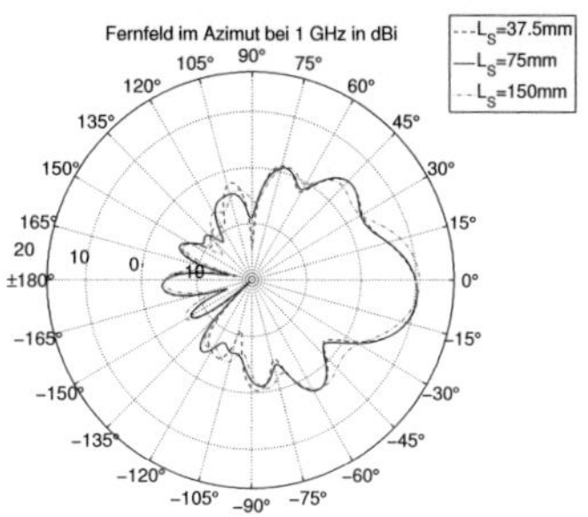

Bild 5.9.: Fernfeld der antipodalen Vivaldi-Antenne mit kleinen Längen L_S

Wellen um Leckwellen handelt. Für eine abzustrahlende Wellenfront muss für den Winkel β gelten:

$$\beta < \arcsin\left(1/\sqrt{\epsilon_r}\right). \tag{5.4}$$

Durch die kreisförmige Erweiterung des Substrats kann diese Bedingung für einen größeren Bereich von *beta* erfüllt werden, somit reduziert sich die Reflexion an der Grenzschicht.

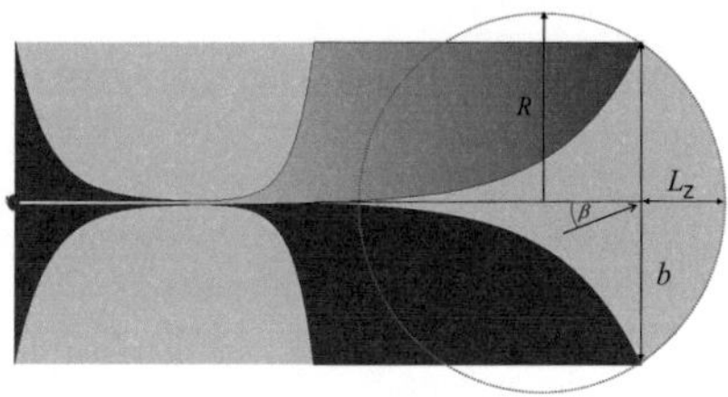

Bild 5.10.: Antipodale Vivaldi-Antenne mit abgerundeter Abstrahlseite

Für die in den Simulationen gewählte geometrische Realisierung gilt, je größer der Radius des zugrunde liegenden Kreises, desto kürzer wird die Abrundung in Abstrahlrichtung. Die zusätzliche Länge L_Z berechnet sich also wie folgt:

$$L_Z = R\left[1 - \cos\left(\arcsin\frac{b}{2R}\right)\right] \tag{5.5}$$

Simulationen mit einem Radius von 250mm und 400mm werden in Bild 5.11 gezeigt. Nach Gleichung 5.5 ergeben sich zusätzliche Längen von $L_Z = 250\text{mm}$ (für $R = 250\text{mm}$) und $L_Z = 88\text{mm}$ (für $R = 400\text{mm}$).

Eine Verbesserung der Anpassung konnte hier zwischen 500MHz und 1GHz beobachtet werden. Bei höheren Frequenzen bleibt die Anpassung unverändert. Auch auf die Richtcharakteristik der Antenne haben die hier vorgenommenen Veränderungen einen sehr geringen

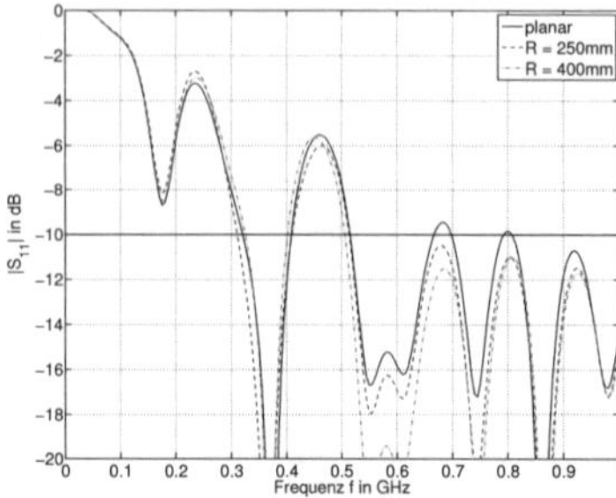

Bild 5.11.: Anpassung der am Substrat modifizierten Vivaldi-Antennen und der ursprünglichen (planar)

Einfluss. Da aber eine Veränderung der eigentlichen Antennenlänge zudem positive Auswirkungen auf das Fernfeld über das gesamte Spektrum hat, ist die Verwendung der abgerundeten Abstrahlseite im Einzelfall einer Verlängerung der Flügel und damit einem größereren L_F gegenüberzustellen (vgl. Abschnitt 5.3.2).

5.4. Untersuchungen zur Minimierung von rückfließenden Strömen

Da sowenig wie möglich der in die Antenne eingespeisten Leistung in die Pulsquelle zurückfließen sollte, werden im Folgenden Methoden vorgestellt, um den nichtabgestrahlten Teil der eingespeisten Leistung zu neutralisieren. Dabei gibt es zwei mögliche Ansätze: Durch ein Material mit hohem Verlustfaktor können elektromagnetische Wellen in Wärmeenergie umgewandelt werden oder aber es kann eine verzögerte bzw. seitliche Abstrahlung erfolgen. Das Bild 5.12 zeigt die zeitunabhängige Leistungsdichte innerhalb der Antenne. Deutlich ist hier die beabsichtigte Konzentration der Leistung im Bereich der Mikrostreifenleitung, der Bandleitung und der Schlitzleitung zu sehen.

Im Wesentlichen lassen sich hier drei Bereiche abgrenzen, in denen Leistung reflektiert wird und ein Bereich, der ungewollt hin- und rückfließende Ströme führt.

In Bereich 1 reflektieren bei einer Mikrostreifen- und Bandleitungsbreite von $m = 6$mm vor allem Wellen mit Frequenzen zwischen 4GHz und 5GHz. Mögliche Abhilfe schafft hier eine Veringerung dieser Breite, die Anpassung niedrigerer Frequenzen kann dadurch jedoch negativ beeinflusst werden.

Kritisch für Frequenzen unterhalb 1GHz ist Bereich 2. Hier, am Übergang zwischen Bandleitung und Schlitzleitung, wird wesentlich die untere Grenzfrequenz der Antenne mitbestimmt. Dieser Bereich wird vorallem durch die Länge der Flügelaußenseite (Parameter L_{FA}) und die Krümmung der Exponentialfunktion r_v bestimmt (vgl. Bild 5.5 und Abschnitt 5.4.1). Natürlich sind Länge L und Breite b weiterhin die wichtigsten Parameter, die die Bandbreite

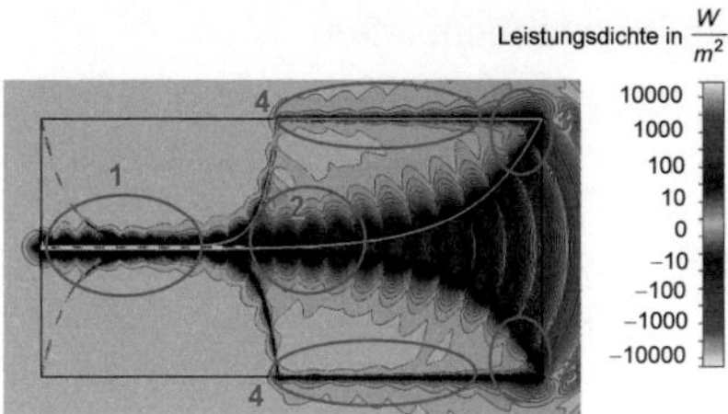

Bild 5.12.: Leistungsdichte innerhalb der antipodalen Vivaldi-Antenne

zu niedrigen Frequenzen hin beschränken. Durch die richtige Wahl von L_{FA} und r_v ist aber eine optimale Ausnutzung innerhalb dieser Schranken möglich.

Die Bereiche 1 und 2 lassen sich somit einfach durch Optimierung mittels Simulationen bestimmen. Nicht so jedoch die Reflexionen, die in Bereich 3 entstehen. Eine Abrundung der Flügelaußenseiten, wie in Abschnitt 5.4.2 vorgenommen, ist zwar für den oberen Frequenzbereich vorteilhaft, Wellen niedrigerer Frequenzen werden jedoch immer noch unverändert reflektiert. Dabei fließt ein Großteil der reflektierten Leistung direkt über die Schlitzleitung zurück in die Quelle, nur ein kleinerer Teil nimmt den Weg durch Bereich 4. Die darauf folgenden Abschnitte zeigen Möglichkeiten auf, diese Energie in Wärme umzusetzten.

5.4.1. Optimierung der Schlitzöffnungsrate r_v

Mit der Schlitzöffnungsrate r_v wird sowohl die Fußpunktimpedanz als auch der Spitzenwert der Impulsantwort h_{max} beeinflusst. Dabei fällt die optimale Anpassung der Eingangsimpedanz und eine maximale elektrische Spitzenfeldstärke nicht zwingend auf den selben Wert r_v.

Um diesem Verhalten Rechnung zu tragen, kann diese nun zusätzlich verändert werden. Dazu muss Funktion 5.1 durch eine Skalierung so verändert werden, dass diese trotz unterschiedlichen Werten von r_v ihre ursprüngliche Ausdehnung in x- und $y-$Richtung beibehält [SS99]. Dadurch verändert sich (5.1) zu

$$y = c_1 e^{r_v x} + c_2 \tag{5.6}$$

mit

$$c_1 = \frac{b/2 + m/2}{e^{r_v L} - e^{r_v L_S}}$$

und

$$c_2 = \frac{(b/2 - m/2)e^{r_v L} - b e^{r_v L_S}}{e^{r_v L} - e^{r_v L_S}}$$

Dabei streckt oder staucht der Faktor c_1 die Exponentialfunktion, c_2 verschiebt sie in y- Richtung.

5.4.2. Abrundung der Flügelaußenseiten

Bisher endeten die abstrahlenden Flügel der Antenne bei $x = L$ mit einer Spitze. Um Reflexionen in Bereich 3 (vgl. Bild 5.12) zu vermeiden und eventuell eine bessere Abstrahlung zu erreichen, wird die Antenne an dieser Stelle abgerundet (siehe Bild 5.13). Die Simulationen werden, um aussagekräftig zu sein, mit unveränderter Gesamtbreite durchgeführt. Die Breite b muss daher für größer werdende r_O reduziert werden. Dadurch verändert sich zudem die Steigung bzw. die Öffnungsrate r_v der exponentiell getaperten Schlitzleitung.

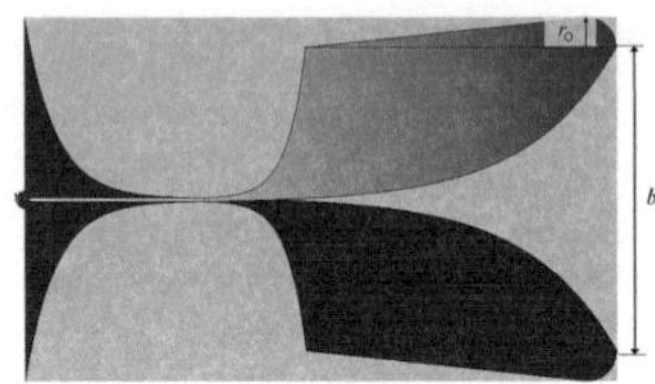

Bild 5.13.: Antipodale Vivaldi-Antenne mit abgerundeten Flügeln

Bei verschiedenen Radien r_O zeigt sich dabei eine unveränderte Anpassung im Bereich bis ca. 1,4GHz (siehe Bild 5.14). Danach ist bei den modifizierten Antennen mit $r_O = 35$mm und $r_O = 50$mm eine deutlich geringere Welligkeit der Anpassungskurve, verglichen mit der ursprünglichen Antennenform ($r_O = 0$mm), zu erkennen. Die Abrundung der Flügelaußenseiten stellt somit eine gute Möglichkeit dar, Optimierungen in der Anpassung der Antenne zu erreichen, ohne das Abstrahlverhalten negativ zu beeinflussen.

5.4.3. Resonanzstreifen in den Flügeln

Durch Schlitzleitungen in den Flügeln sollen rückfließende Ströme in Bereich 4 (vgl. Bild 5.12) herausgefiltert werden.

Die Länge der Einschlüsse ergibt sich aus den herauszufilternden Frequenzen. Bei einer Anordnung wie in Bild 5.15 zu sehen, ist dies jeweils $\frac{\lambda}{4}$ (hin- und rücklaufende Wellen sind dann um 180° phasenversetzt und löschen sich gegenseitig aus). Sollten die Streifen mittig im Flügel angeordnet sein (siehe Bild 5.17a und Bild 5.17c), so ergibt sich durch Simulationen, dass deren Länge $\frac{\lambda}{2}$ betragen sollte.

Wie Bild 5.16 zu entnehmen, ist der Einfluss der Resonanzstreifen auf die Anpassung nur sehr gering und führt zu keiner Vergrößerung der Bandbreite. Das gezeigte Ergebnis ist jenes bei dem der Einfluss noch am deutlichsten zu erkennen ist.

Weitere Anordnungen der Resonanzstreifen sind in Bild 5.17 zu sehen.

Kommen die Streifen zu nahe an die Schlitzleitung, so beeinflussen sie stark das Verhalten der Antenne. So reduziert sich bei der Antenne aus Bild 5.17 unten rechts der Gewinn bei 1GHz um 1dB (siehe Bild 5.18).

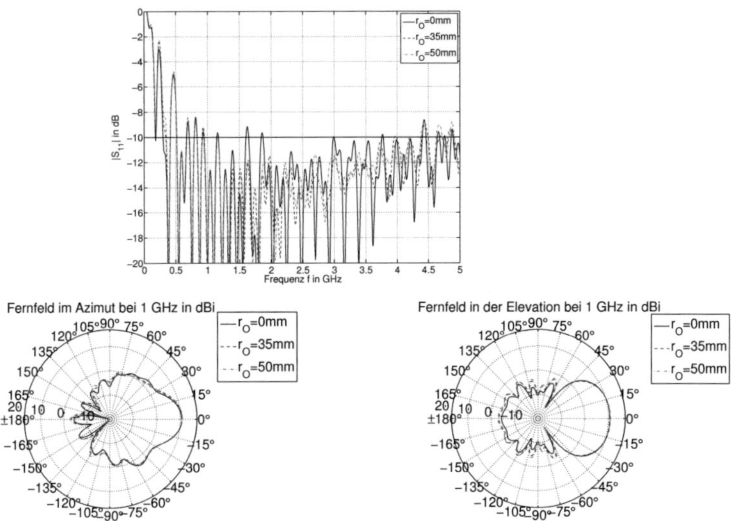

Bild 5.14.: Anpassung und Fernfelder der an den Flügelaußenseiten modifizierten Vivaldi-Antennen und der ursprünglichen Form

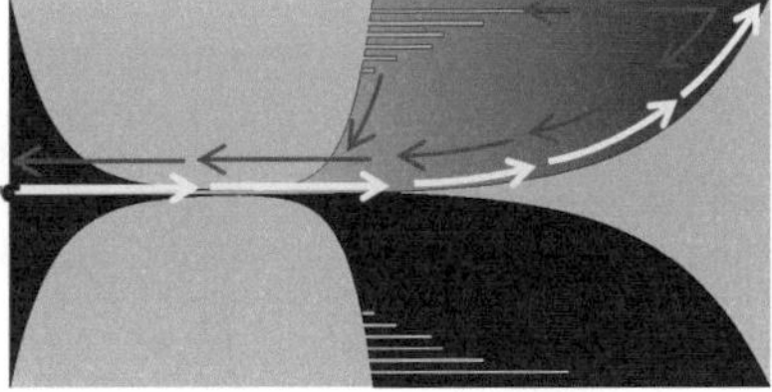

Bild 5.15.: Antipodale Vivaldi- Antenne mit Resonanzstreifen in den Flügeln, Leistungsfluss in Abstrahlrichtung (gelb) und reflektierte Leistung über die Außen- und Innenseite der Flügel (rot)

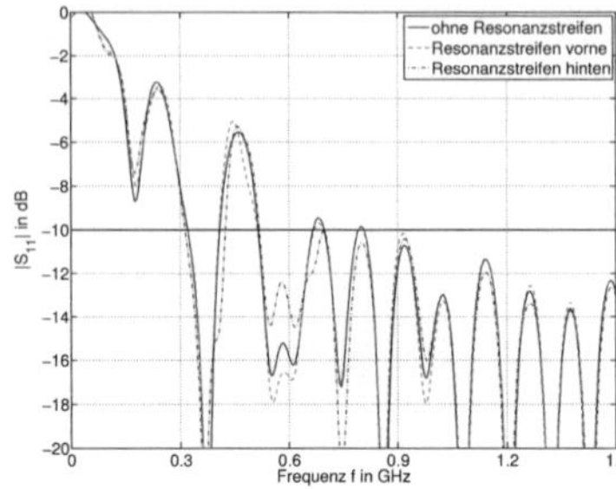

Bild 5.16.: Anpassung der durch die Resonanzstreifen in x- Richtung veränderten Vivaldi - Antenne

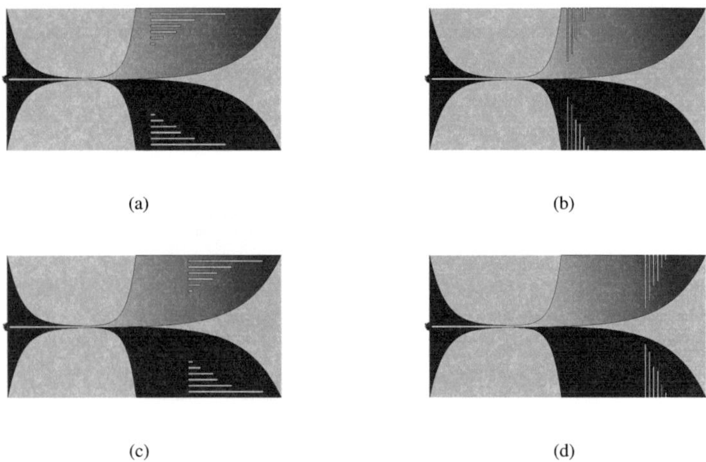

(a)   (b)
(c)   (d)

Bild 5.17.: weitere Möglichkeiten zur Platzierung der Resonanzstreifen

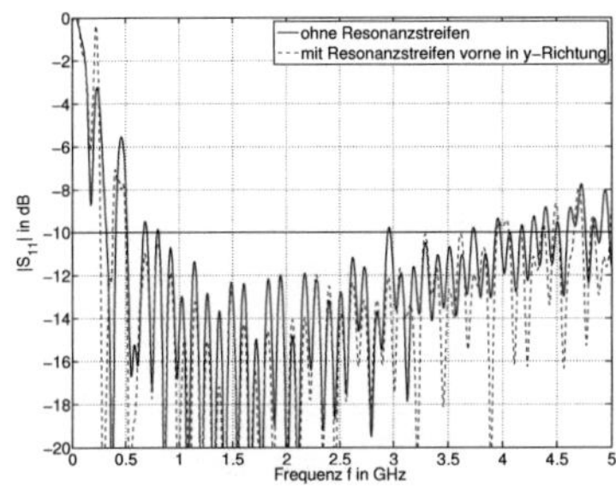

(a) Anpassung

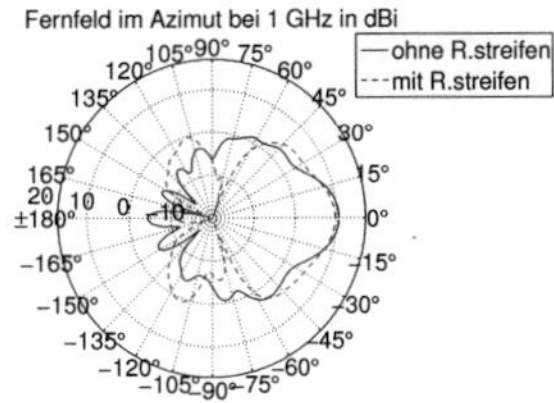

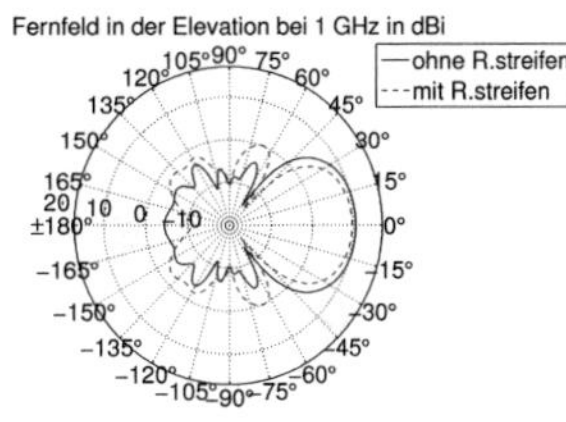

(b) Fernfeld im Azimut mit und ohne Resonanzstreifen

(c) Fernfeld in der Elevation mit und ohne Resonanzstreifen

Bild 5.18.: Vergleich mit und ohne Resonanzstreifen in den Flügeln

Der Einsatz von Resonanzstreifen in den Flügeln lohnt sich daher in keinem Fall. So bringen sie zwar an manchen Stellen des Spektrums Vorteile, die Nachteile im Abstrahlverhalten oder in anderen Spektralbereichen überwiegen jedoch bei weitem.

5.4.4. Absorbermaterial auf den Flügeln

Eine andere Möglichkeit, rückfließende Ströme zu unterdrücken, besteht im Einsatz von Absorbermaterialen. Diese sorgen durch ihren hohen Verlustfaktor für eine große Dämpfung und veringern somit den in die Speisung zurückfließenden Strom. Da in Bereich 2 in Bild 5.12 ein möglichst großer Teil der Energie abgestrahlt werden soll, kann dort nichts gegen rückfließende Ströme unternomnmen werden, da sonst auch die Abstrahlung behindert würde. Anders in Bereich 4, wo ein kleiner Teil der reflektierten Ströme fließt und somit durch Absorbermaterial gedämpft werden könnte (siehe Bild 5.19). Diese werden beidseitig jeweils auf den Flügelaußenseiten angebracht. Da die Breite der Antenne konstant gehalten werden muss, ragen diese nicht über die Kupferbeschichtung in y-Richtung hinaus, obwohl auch hier rückfließende elektromagnetische Wellen existieren.

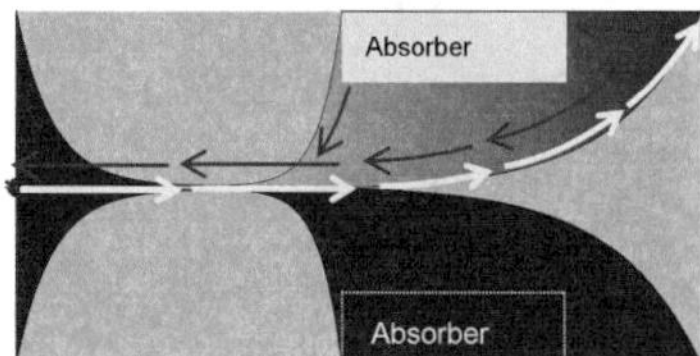

Bild 5.19.: antipodale Vivaldi-Antenne mit Absorbermaterial auf den Flügelaußenseiten, Leistungsfluss in Abstrahlrichtung (gelb) und reflektierte Leistung über die Außen- und Innenseite der Flügel (rot)

Für die Simulationen wird das Absorbermaterial *ECCOSORB MF-124* verwendet. Das Bild 5.20 zeigt die Veränderung der Anpassung bei einer verwendeten Absorberdicke von 7mm. Eine Minderung der Reflexionen ist nur unter 1GHz erkennbar. Beispielsweise ist einem relevanten Bereich bei 685MHz eine Anpassungsverbesserung von 0,5dB möglich. Das Fernfeld bleibt über das gesamte Spektrum unverändert.

Die Verbesserungen durch den Absorbereinsatz sind nur sehr gering, Nachteile durch diesen, außer höhere Kosten für die Antenne, bestehen aber nicht.

5.4.5. Resistiver Abschluss am Schlitzleitungsende

Eine weitere Möglichkeit, die in Bild 5.21 verdeutlichten reflektierten Wellen in Wärme umzusetzen, besteht im reflektionsfreien Abschließen der Schlitzleitung. Ein Widerstand wird hierbei zwischen den Punkten $x = L$ und $y = 0$ und $x = L$ und $y = b$ angebracht. Dabei ist

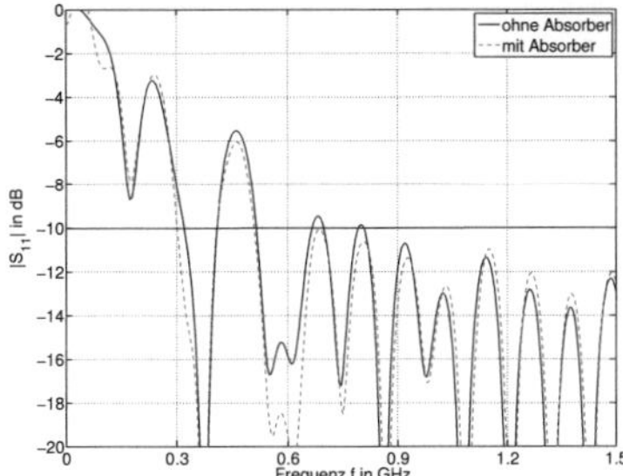

Bild 5.20.: Anpassung der Antenne mit 7mm dickem Absorbermaterial

in einem realen Aufbau darauf zu achten, dass der Widerstand nicht in Hauptabstrahlrichtung angebracht ist und diese somit stört.

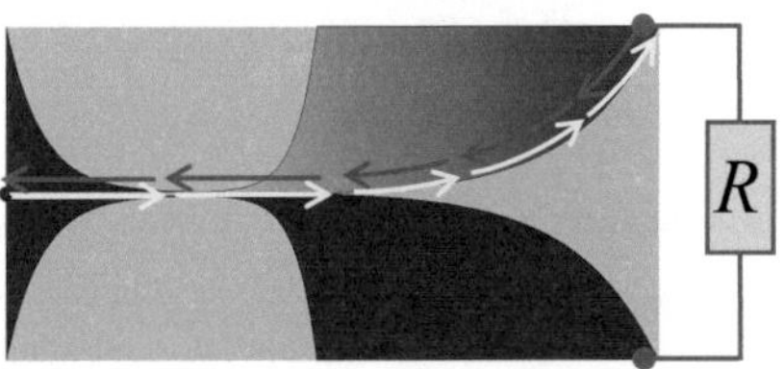

Bild 5.21.: antipodale Vivaldi-Antenne mit resistivem Abschluss am Schlitzleitungsende, Leistungsfluss in Abstrahlrichtung (gelb) und reflektierte Leistung über die Innenseite der Flügel (rot)

Aus verschiedenen Widerstandswerten lässt sich in Simulationen der Widerstandswert von $R = 280\,\Omega$ als derjenige mit der besten Anpassung und dennoch einem nur geringfügig verschlechterten Abstrahlverhalten bestimmen. Bild 5.22 zeigt die Simulationsergebnisse dieser Anordnung mit einem Fernfeld bei 500MHz. In der Anpassung ist im Bereich unter 500MHz eine Reduktion von in die Speisung rückfließenden Strömen von bis zu 5dB erreicht worden. Man erkennt, dass der Gewinn um ca. 0,5dB sinkt, als auch die verminderte Abstrahlung in Rückwärtsrichtung. Im oberen Frequenzbereichbereich bleibt die Abstrahlung weitgehend unverändert und ist hier nicht gezeigt.

Der resistive Abschluss am Schlitzleitungsende eignet sich somit dazu, die Anpassung bis 1GHz deutlich zu verbessern. Große Teile der sonst in die Speisung zurückfließenden Energie kann also im Widerstand in Wärme umgesetzt werden. Leider läßt sich nicht vermeiden, dass Teile der in der unveränderten Antenne eigentlich abgestrahlten Energie, hier durch den Widerstand abgeführt werden.

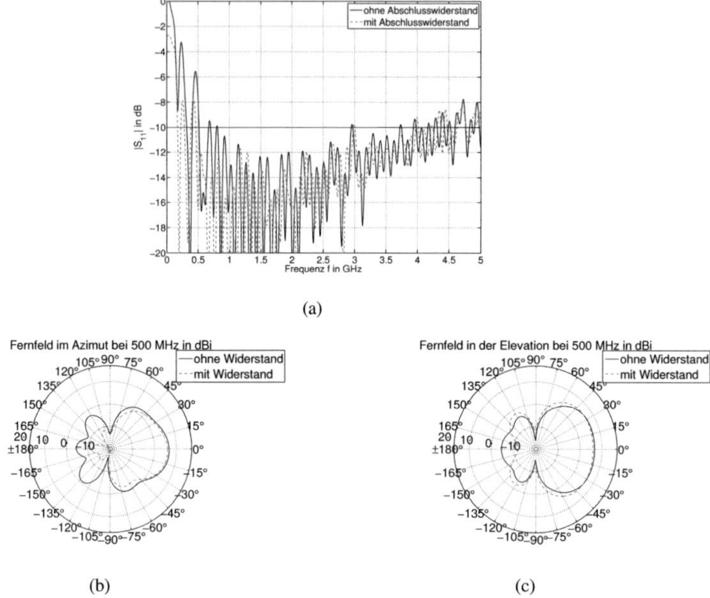

Bild 5.22.: Simulationsergebnisse einer mit resisitvem Abschluss versehenen Vivaldi-Antenne

5.5. Prototyp im Frequenzbereich 240 MHz bis 5 GHz

Aus den in den oberen Abschnitten gewonnenen Informationen zu Abstrahlverhalten und Anpassungsoptimierung ist es möglich, eine fertigbare Antenne für den Frequenzbereich 240MHz bis 5GHz zu entwickeln (siehe Bild 5.23). Die Begrenzung der Bandbreite auf 240MHz bis 5GHz stellt einen Kompromiss zwischen der Abmessung b der Abstrahlseite und einer möglichst großen Bandbreite dar, da breitere Substratmaterialien derzeit am Markt kaum erhältlich sind.

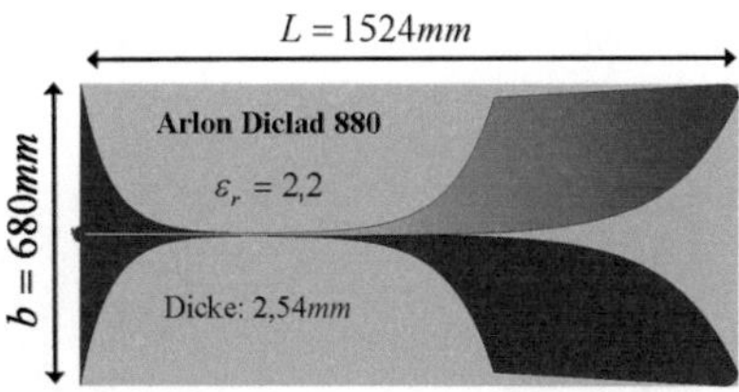

Bild 5.23.: Geometrie und technische Daten des Prototyps der antipodalen Vivaldi-Antenne für 240MHz bis 5GHz, eine komplette Aufstellung aller Parameter befindet sich im Anhang

Das Bild 5.24 zeigt den Reflexionsfaktor. Es ist zu erkennen, dass annähernd im gesamten Spektrum der Reflexionsfaktor $s_{11} < -9$dB bleibt. Lediglich bei 290MHz und 370GHz tritt jeweils eine leicht höhere Fehlanpassung auf. Hier bleibt die Anpassung aber immernoch unter $-8{,}5$dB. Das Bild 5.25 zeigt sowohl die simulierte als auch die gemessene Gewinncharakteristik der Antenne. Unter Berücksichtigung der Verluste in der Simulation weist der Prototyp einen Gewinn von 6,2dBi am unteren Ende der Bandbreite und bis zu 13,8dBi am oberen Ende auf. Bei 240MHz beträgt die 3dB-Breite 120° mit einem Nebenkeulenlevel von $-8{,}5$dB. Bei 5GHz entsprechend 18° und -13dB. Diese Werte werden durch die Messungen annähernd bestätigt, mit einer etwas stärkeren Schwankung des Gewinns in Hauptstrahlrichtung.

Der Simulationsaufbau zur Bestimmung des elektrischen Feldes im Azimut im Abstand von 1,5m zum Zentrum der Antenne ist in Bild 5.26 zu sehen. Durch möglichst viele, im Azimut angeordnete Feldstärkemesser, kann der zeitliche Verlauf des elektrischen Feldes dargestellt werden (siehe Bild 5.27). In Hauptstrahlrichtung wird mit einem Impuls, dessen Spannungsamplitude 1V beträgt, in einer Entfernung von 1,5 m zur Vorderkante der Antenne eine Spitzenfeldstärke von $8{,}5\frac{\text{V}}{\text{m}}$ erreicht. Umgerechnet auf einen eingespeisten Impuls mit einer Amplitude von 10kV wird in 30m Entfernung zur Antenne eine Spitzenfeldstärke von $4{,}25\frac{\text{kV}}{\text{m}}$ erreicht. Entsprechend sind es bei 300m Abstand noch $0{,}425\frac{\text{kV}}{\text{m}}$.

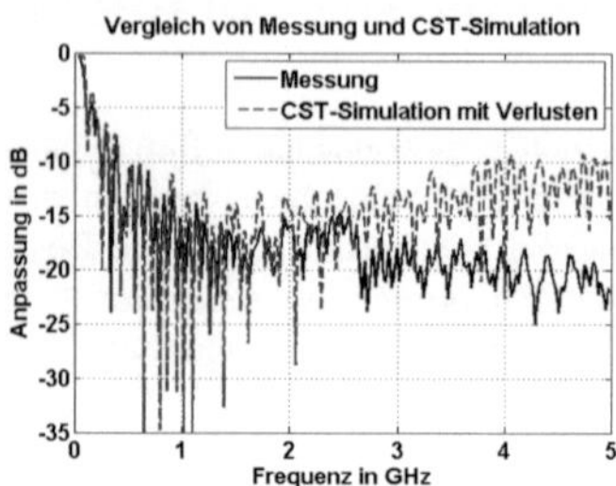

Bild 5.24.: Reflexionsfaktor der Antenne: Simulation und Messung

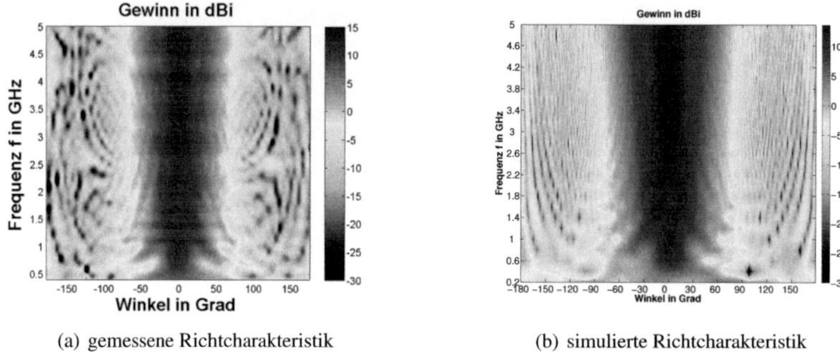

(a) gemessene Richtcharakteristik

(b) simulierte Richtcharakteristik

Bild 5.25.: Prototyp der antipodalen Vivaldi-Antenne

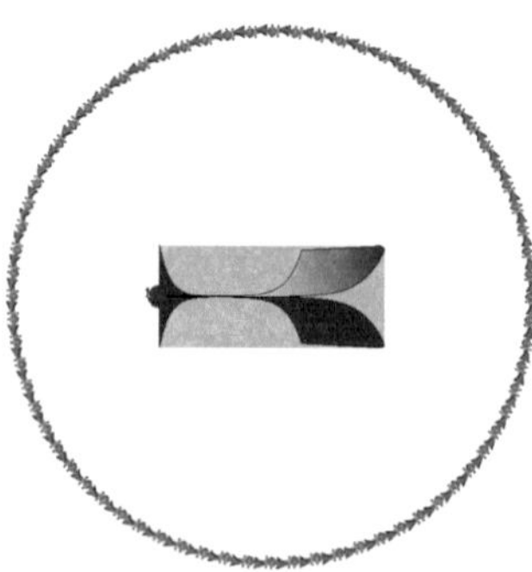

Bild 5.26.: Simulationsaufbau zur Bestimmung des elektrischen Feldes

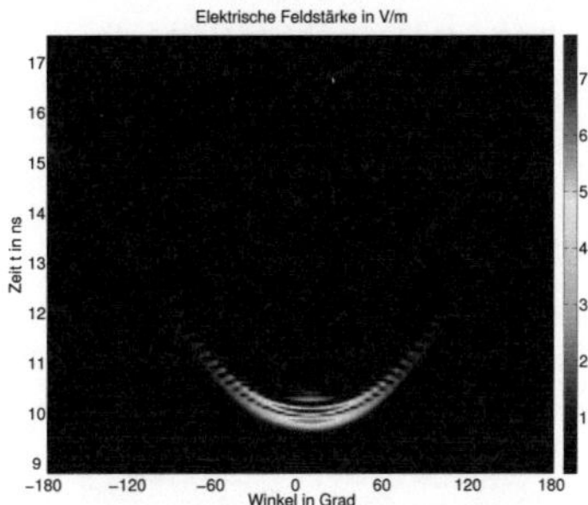

Bild 5.27.: Elektrisches transientes Feld der in Bild 5.26 simulierten Antenne

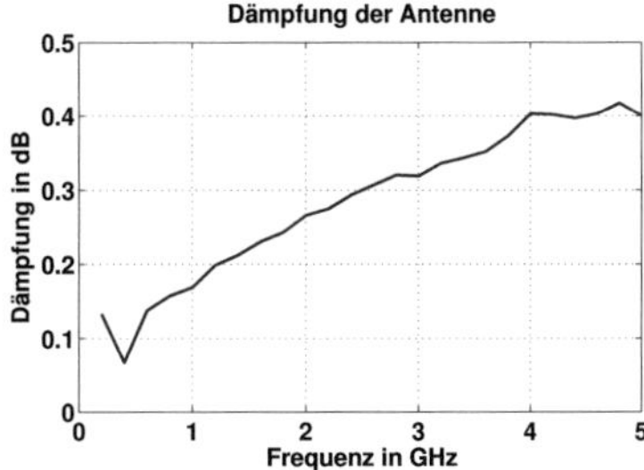

Bild 5.28.: Verluste der Vivaldi Antenne (simuliert)

5.5.1. Verlustabschätzung

Die Dämpfung der Antenne wurde bestimmt, indem bei einer Simulation bei jeder Frequenz die Differenz zwischen der Direktivität und dem Gewinn gebildet wurde, wobei die am Eingang der Antenne reflektierte Leistung unberücksichtigt bleibt, d.h. nur die tatsächlich von der Antenne aufgenommene Leistung wird betrachtet (Bild 5.28). Die Verluste sind aufgrund der kleinen Permittivität und der geringen Verluste des Substrates sehr gering. Diese Berechnung wird durch die gemessene Gewinncharakteristik in Bild 5.25 bestätigt.

5.5.2. Zeitbereichgütekriterien

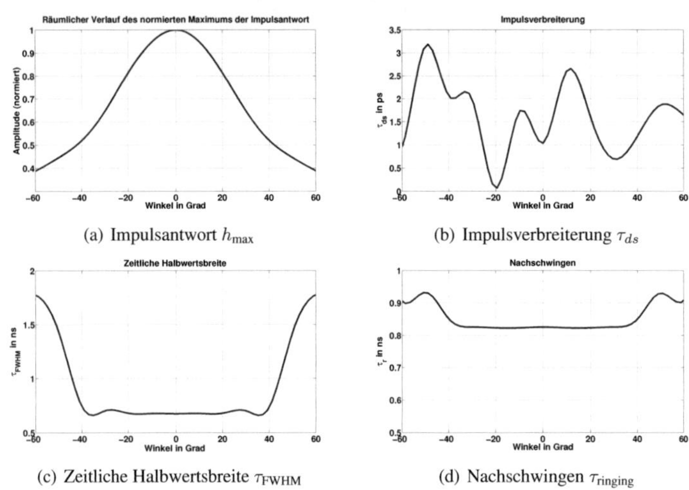

(a) Impulsantwort h_{max}

(b) Impulsverbreiterung τ_{ds}

(c) Zeitliche Halbwertsbreite τ_{FWHM}

(d) Nachschwingen τ_{ringing}

Bild 5.29.: Zeitbereichs Gütekriterien der Vivaldi-Antenne

Die Gütekriterien im Zeitbereich werden anhand der der Antennenimpulsantwort bestimmt. Die Gütekriterien sind nur gültig für die kopolarisierte Ausrichtung der Antennenvorderkante zum Empfänger. Die zeitliche Halbwertsbreite der Antennenimpulsantwort beträgt im relevanten Bereich nahezu konstant 0,7 ns und vergrößert sich erst ab 40° auf 1,2 ns. Das Nachschwingen der Antenne ist ebenfalls annähernd konstant über dem relevanten Winkelbereich und beträgt 0,83 ns. Die Impulsverbreiterung liegt im Pikosekundenbereich und ist somit äußerst gering. Der zu erwartende Amplitudenverlust beim Schwenken aufgrund der Antenne kann dem Verlauf der Amlitude der Antennenimpulsantwort über dem Winkel entnommen werden.

Ein wichtiger Parameter für HPEM-Systeme ist die Impulsanstiegzeit [CGN01], welche in Bild 5.30 über dem Schwenkwinkelbereich zu sehen ist. Die Anstiegszeit der Einhüllenden der analytischen Antennenimpulsantwort beträgt dabei 0,6 ns. Dies bedeutet, dass ab Frequenzen von 1,67 GHz die Impulse nicht mehr ungestört übertragen werden. Bei Betrachtung des Betrages der analytischen Impulsantwort der Antenne ist das Auftreten von Verzerrungen zu sehen (siehe Bild 5.31). Die Frequenzanteile über 1,67 GHz finden sich jedoch im Hauptimpuls.

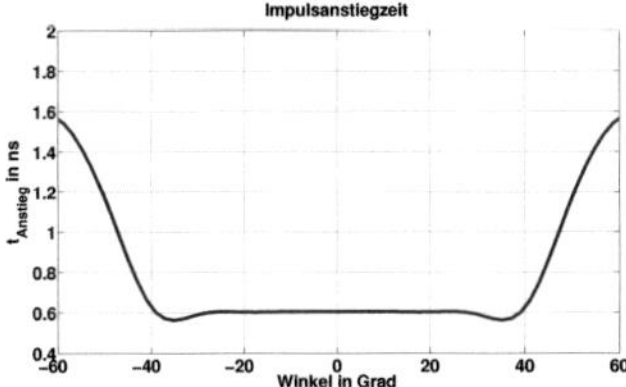

Bild 5.30.: Impulsanstiegzeit

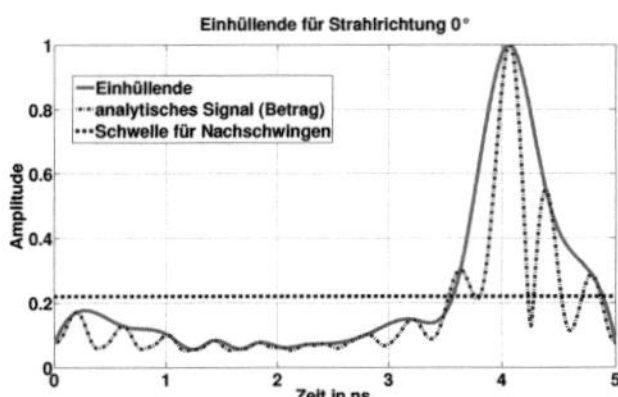

Bild 5.31.: Vergleich Betrag des analytischen Signals mit seiner Einhüllenden

6. Entwicklung einer Rotman-Linse für HPEM-Systeme und Verifikationsmessungen

In diesem Kapitel wird erstmalig ein Prototyp einer Rotman-Linse für den Frequenzbereich von 450 MHz bis 5 GHz vorgestellt. Die Entwicklung basiert auf Vorarbeiten, die in [LZW$^+$08b] und [LZW$^+$08a] veröffentlicht sind.

6.1. Anforderungen

Die Verifikation des analytischen Systemmodells durch die Rotman Linse für den UWB-Bereich (Kapitel 4) legt gleichzeitig die maximale Bandbreite fest, für die eine näherungsweise konstante Amplitudenverteilung an der Gruppenantenne erreicht werden kann. Diese Bandbreite liegt ungefähr bei einem Verhältnis 5 : 1 von oberer zu unterer Grenzfrequenz. Da die erwünschte Bandbreite für das HPEM-System ein Verhältnis von 25 : 1 ergibt, ist a priori zu erwarten, dass Einschränkungen an die Anforderungen gestellt werden müssen.

Es wird im Folgenden angestrebt eine Rotman Linse zu realisieren, deren Anpassung im Bereich 200MHz bis 5GHz besser -10 dB ist, da dieses Kriterium bei der gewünschten Anwendung, bei der transiente Hochspannungssignale in die Rotman-Linse eingespeist werden sollen, sehr wichtig ist. Eine konstante Amplitudenverteilung wird für diese Konstellation nicht erreichbar sein, vielmehr soll erreicht werden, dass die Strahlschwenkung im kompletten Frequenzbereich stationäre Beamstellungen erreicht. Diese Anforderung lässt nur einen idealerweise linearen Phasenverlauf der Transmissionskurven zu.

Eine weitere Einschränkung ist die Größe des verfügbaren Substrats. Das für diese Arbeit am Markt erhältliche hochpermittive Substrat ist das Material Arlon AD1000 mit Abmessungen von 609,6mm x 914,4mm bei einer Permittivität von 10,9.

Es sollen 9 diskrete Beamrichtungen zwischen $-45°$ und $45°$ erzeugt werden. Die 7 Antennen sollen in diesem Fall in einem Abstand von 15cm aufgebaut werden.

6.2. Vor-Design anhand des analytischen Systemmodells

In Bild 6.1 dargestellt ist die Näherung für die Anpassung der Ports für verschiedene Portbreiten. Man erkennt, dass die Ports idealerweise 10cm breit sein müssten, um die Anforderung der Anpassung auch für 200MHz zu erfüllen. Bei 9 nebeneinander liegenden Ports würde das eine Ausdehnung der Beam Port Kontur in y-Richtung von ca. 90cm ergeben (Koordinatensytem siehe Kapitel 3). Bei zusätzlich noch ca. 2 mal 45cm für die Seitenbereiche würden sich Abmessungen der Parallelplattenregion in y-Richtung von 180cm ergeben. Die Abmessungen der Platine liegen für ein gutes breitbandiges Design in x-Richtung sogar noch darüber.

Diese Überlegungen zeigen, dass es nicht möglich ist, für die gegebene Substratgröße ein geeignetes Modell zu entwickeln. Aus diesem Grund werden 2 dieser Substrate getrennt ent-

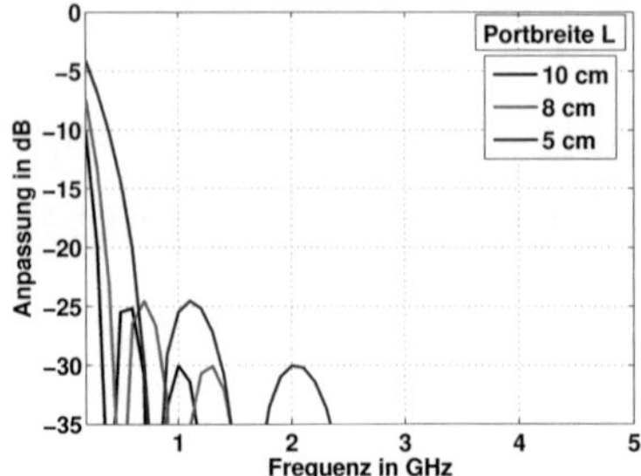

Bild 6.1.: Anpassung bei variierender Portbreite

worfen und so aneinander gefügt, so dass sie eine große Rotman Linse ergeben. Dadurch erhält man Abmessungen von 1219,2mm x 914,4mm.

Basierend auf einer 7-fachen Vergrößerung der UWB-Rotman Linse in Kapitel 4, die modifiziert ist, um Antennenabstände von 15cm zu erhalten, entsteht durch das Vor-Design ein Modell mit den folgenden Design-Parametern:

- $G = 700$mm

- $g = 1,05$

- $\gamma = 1,8$

- $e = 0$

Dabei soll eine möglichst große Brennweite G auf der zur Verfügung stehenden Fläche verwendet werden. Dadurch werden die Winkel, die die Ports ausleuchten müssen, reduziert. Die Parameter g und γ werden wieder so variiert, dass sich möglichst symmetrische Konturen ergeben (siehe Kapitel 3.4).

Die Portbreiten sind so optimiert, dass sie möglichst dicht nebeneinander liegen, was bei den *Beam Ports* 4,9cm und bei den *Array Ports* 6,3cm entspricht.

Dargestellt in Bild 6.2 ist die sich ergebende Transmissionskurve von *Beam Port* 1 zu *Array Port* 5. Man erkennt, dass die untere Grenzfrequenz so weit wie möglich nach unten verschoben wurde. Es ergeben sich bei der größeren Portbreite jetzt jedoch sehr direktive Ports ab ca. 2,5GHz, so dass dort vom *Beam Port* 1 keine Leistung zum *Array Port* 5 übertragen werden kann.

Die verwendete Näherung für die berechneten Richtcharakteristiken der Ports sind nur im Eindeutigkeitsbereich der Quasi-TEM-Welle gültig. Die Maximalfrequenz dieses Eindeutigkeitsbereichs ist für die 4,9cm breite Ports folglich ca. 930MHz (3.31). Es ist deshalb nachzuprüfen, in wie weit diese Näherung für höhere Frequenzen gültig ist.

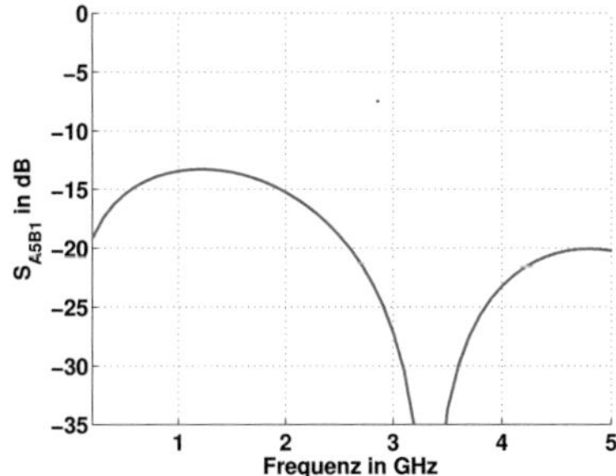

Bild 6.2.: Transmission von *Beam Port* 1 zu *Array Port* 5

Durch eine stärkere exponentielle Taperung soll eine Wirkung ähnlich einer Vivaldi-Antenne erreicht werden, so dass höhere Frequenzanteile schon im Taper abgestrahlen. Für diese Spektralanteile gilt dann eine geringere effektive Portbreite.

6.3. Analytische Optimierung der Rotman-Linse

Die Parallelplattenregion kann, wie dargestellt, als zweidimensionale Zylinderwelle und die *Array-* und *Beam Ports* als Antennen modelliert werden. Ein *Array Port* hat eine feste Breite, muss allerdings einen sehr großen Spektralbereich abstrahlen. Das hat zur Folge, dass sich die Richtcharakteristk über der Frequenz ändert. So haben hohe Frequenzen eine sehr schmale Richtcharakteristik, während niedrige Frequenzen eine sehr breite Richtcharakteristik haben, d.h. hohe Frequenzen treffen hauptsächlich den mittleren *Array Port* und niedrige Frequenzen treffen auch äußere *Array Ports*. Daher sollen die mittleren *Array Ports* für hohe Frequenzen angepasst werden, indem man sie schmaler macht und die äußeren *Array Ports* für niedrigere Frequenzen, indem man sie breiter macht. Der Gesamtwirkungsgrad sollte sich dabei erhöhen (Bild 6.3).

Die Simulation in Matlab ergibt: Für den mittleren *Beam Port* BP5 ist eine durchgehende Verbesserung erkennbar, während das Bild bei einem äußeren Beamport uneinheitlich ist. Es tritt eine weitere Nullstelle auf (Bild 6.4(a) und 6.4(b)).

6.4. Optimierung mit numerischen Feldsimulationen

Zuerst wird die Auswirkung der im Vergleich zur Wellenlänge sehr breiten Ports untersucht. In Bild 6.5 erkennt man, dass schon für 1GHz die Feldverteilung an der Portöffnung nicht mehr konstant ist. Die elektrische Feldstärke nimmt nach außen hin ab. Dieser Effekt führt dann im Vergleich zur konstanten Feldverteilung zu einer breiteren Hauptkeule [Bal97]. Am Feldbild bei 5GHz kann man im Vergleich zusätzlich erkennen, dass sich die TEM-Welle

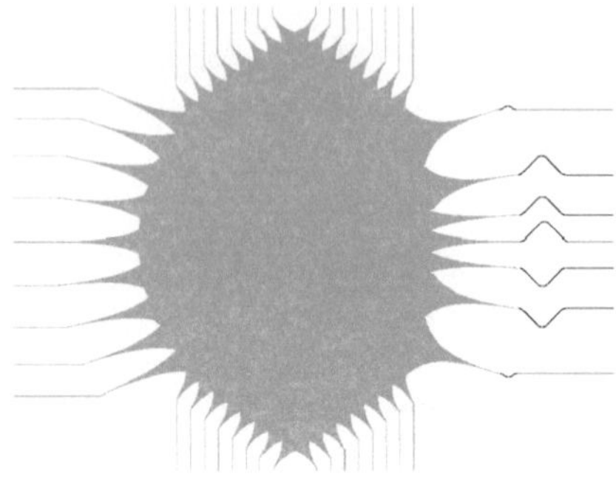

Bild 6.3.: Rotman-Linse mit veränderten *Array Ports*

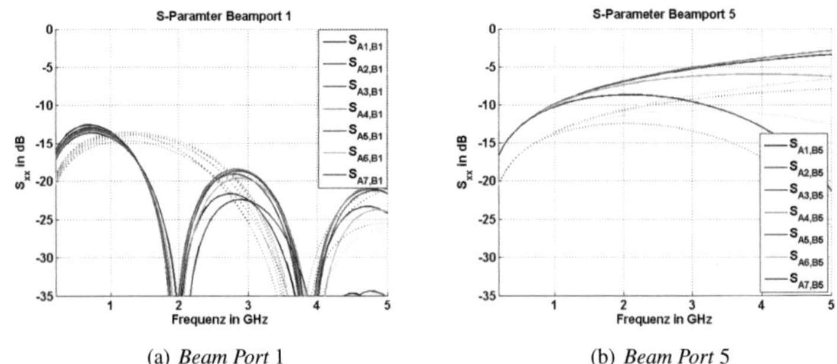

(a) *Beam Port* 1   (b) *Beam Port* 5

Bild 6.4.: Variation von *Array Port* Abständen und Breiten - gestrichelt: äquidistante, gleich-breite *Array Ports*, durchgezogen: variierte *Array Port* Breite und Abstand.

schon früher in dem Porttaper abspaltet, so dass man hier eine kleinere effektive Portbreite annehmen kann, die ebenfalls eine breitere Hauptkeule verursacht. Wichtig ist auch, dass keine dominante Ausbreitung von Moden höherer Ordnung erkennbar ist, so dass deren Einfluss bei der Modellierung zunächst vernachlässigt werden kann.

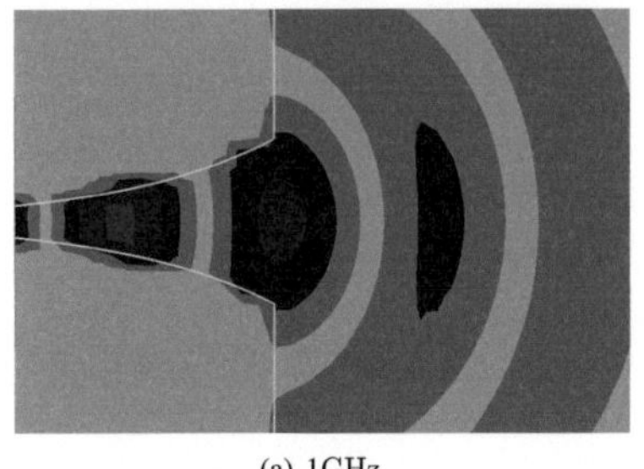

(a) 1GHz

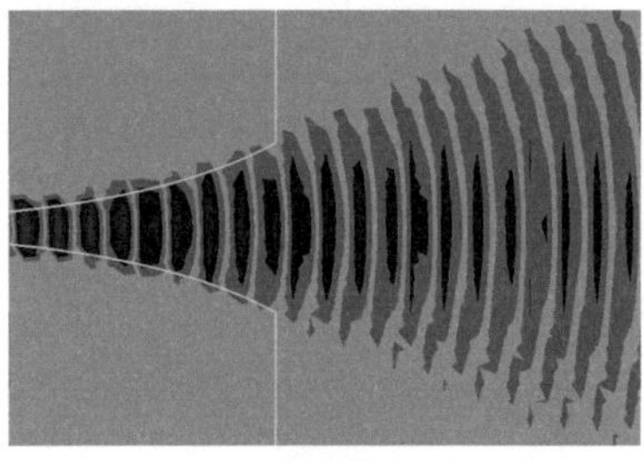

(b) 5GHz

Bild 6.5.: Feldverteilung am gespeisten Port für unterschiedliche Frequenzen

Der Nachteil, den dieses Verhalten mit sich bringt, ist, dass das Phasenzentrum stärker über der Frequenz variiert. Dadurch steigen die Phasenfehler für einige Spektralanteile an und die Dispersion der Rotman Linse wird stärker. Diesen Nachteil muss man jedoch in Kauf nehmen, um überhaupt eine Leistungsübertragung in der Parallelplattenregion über diese große Bandbreite zu ermöglichen.

6.5. Untersuchung der Leistungsbelastbarkeit

6.5.1. Verluste in der Linse

Es entstehen in etwa gleich große Verluste in den Zu- und Ableitungen sowie in der Parallelplattenregion. Die Substratverluste tragen einen viel größeren Beitrag zu den Gesamtverlusten bei als die Metallverluste (Siehe Bilder 6.6).

Analytisch

Die Berechung der Dämpfung für die Zuleitung erfolgt wie bei einer normalen Mikrostreifenleitung und für die Parallelplattenregion wie bei einer unendlich breiten Mikrostreifenleitung. Die Berechnungen folgen den Formeln in Anhang A.8. Für die HPEM-Linse ergibt sich eine Dämpfung von bis zu 3,5 dB. Das entspricht mehr als der Hälfte der Leistung.

Numerisch

In Bild 6.7 ist die Auswertung der S-Parameter mehrerer Simulationen der Rotman-Linse zu sehen. Die Berechnungen erfolgen analog zu Abschnitt 4.5.1.

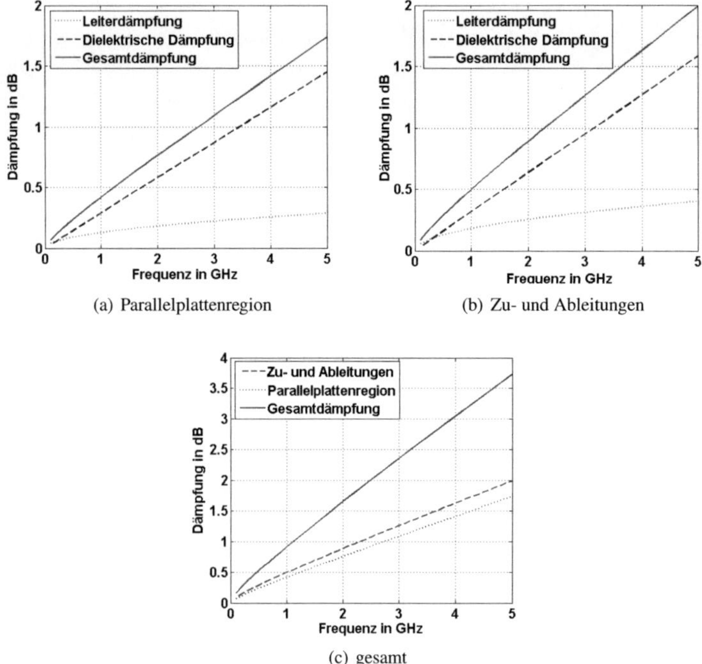

(a) Parallelplattenregion

(b) Zu- und Ableitungen

(c) gesamt

Bild 6.6.: Dämpfung der HPEM-Linse (analytisch)

Für die HPEM-Linse sind in den Simulationen keine ohmschen und dielektrischen Verluste berücksichtigt (aufgrund von Speicherplatz und Simulationszeit), allerdings lässt sich aus der analytischen Rechnung abschätzen, dass nur ca. die Hälfte der simulierten Leistung an den Ports tatsächlich ankommt. Man erkennt, dass mit steigender Frequenz aufgrund höherer Moden ein immer größerer Anteil der Gesamtenergie abgestrahlt wird.

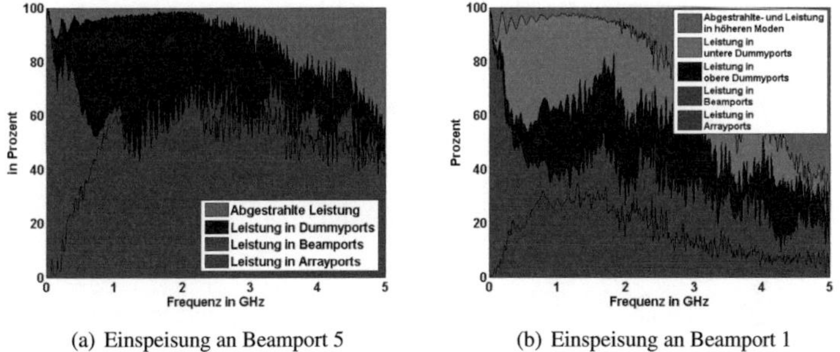

(a) Einspeisung an Beamport 5   (b) Einspeisung an Beamport 1

Bild 6.7.: Simulierte Verluste der HPEM-Linse (ohne metallische und dielektrische Verluste in der Simulation)

Gemessener Wirkungsgrad

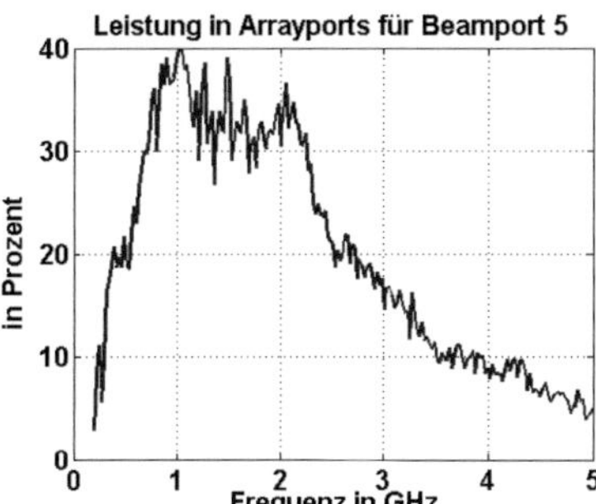

Bild 6.8.: Wirkungsgrad der HPEM-Rotman-Linse für Leistungseinspeisung an BP 5 (gemessen)

Dem Bild 6.7a ist zu entnehmen, dass bei einer Frequenz von 5 GHz noch ca. 40 % der eingespeisten Leistung an den *Array Ports* ankommt. Berücksichtigt man die analytisch ermittelte Dämpfung durch metallische und dielektrische Verluste aus Bild 6.6 bei 5 GHz so erhält man folgende Abschätzung:

$$
\begin{aligned}
D_{\text{Simulation}} &= 10\log_{10}(0{,}4) = -3{,}98\text{dB} \\
D_{\text{ges,analyt}} &= -3{,}7\text{dB} \\
D_{\text{res}} &= D_{\text{Simulation}} + D_{\text{ges,analyt}} = -7{,}68\text{dB}
\end{aligned}
$$

Umgerechnet ergibt sich, dass an den Arrayports höchstens noch 17 % der bei 5 GHz an BP 5 eingespeisten Leistung verfügbar ist. Ein Vergleich mit dem Wirkungsgrad, der aus den gemessenen S-Parametern des Prototyps ermittelt wurde, zeigt, dass tatsächlich aber noch 12 % mehr an Leistung verloren gehen (vgl. Bild 6.8). Dies liegt an den in der Realität höheren dielektrischen Verlusten des Substrats und an dem Aufbau aus zwei getrennten Substraten.

6.5.2. Hohe Leistungen und hohe Spannungen

Leistung

Der kritischste Fall für hohe Leistungen im gesamten HPEM-System bestehend aus Rotman-Linse und Antennen ist die *Beam Port*-Zuleitung. Für diese Stelle wird die maximale Durchschnittsleistungsbelastung berechnet (Bild 6.9).

Folgende Gründe beschränken die maximale Leistungsübertragung über eine Mikrostreifenleitung:

- Die Eigenschaften des Substrates ändern sich aufgrund der Erwärmung (ϵ_r, Durchschlagsspannung)

- Die Wärmeausdehnung erzeugt Spannungen zwischen Kupfer und Substrat.

In Bild 6.6 erkennt man, dass die Verluste in den Zu- und Ableitungen sowie in der Parallelplattenregion ähnlich groß sind. Man kann deswegen abgesehen von einer Wärmekonzentration am Eingangs-*Beam Port* von einer homogenen Wärmeverteilung über die Fläche der Rotman-Linse ausgehen.

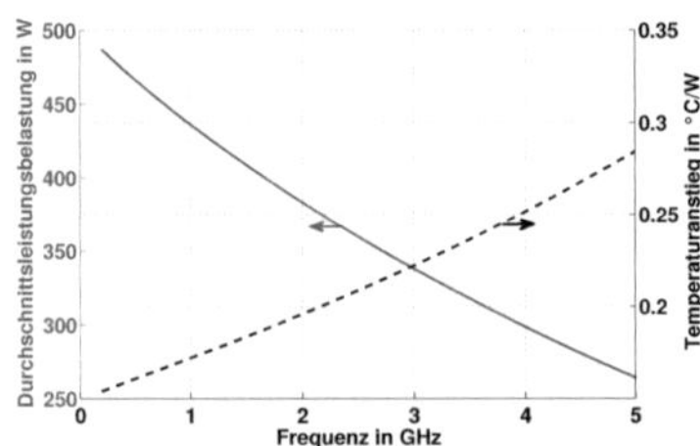

Bild 6.9.: Wärmeentwicklung auf der Linse

Die Formeln, mit denen die Wärmeentwicklung auf der Linse berechnet wird, finden sich im Anhang A.7. Nimmt man eine Raumtemperatur von 25°C an, so ergäbe sich ein maximaler

Anstieg der Temperatur der Linse um 75°C. Nimmt man weiterhin einen Wärmewiderstand gemäß Datenblatt für Arlon AD1000 von 0,3 K/W an, so beträgt die maximale Dauerstrichleistung 250 W. Dies liegt jedoch weit oberhalb der zeitlich gemittelten Leistung eines gewöhnlichen Pulsers (Abschitt 7.3).

Die Widerstände, welche die *Dummy Ports* reflexionsfrei abschließen, halten gemäß Datenblatt Leistungen von 100 W aus, allerdings verschlechtert sich dieser Wert ab einer Temperatur von ca. 100 °C. Bei ca. 135 °C kann der Widerstand nur noch 50 W aufnehmen. In Bild 4.18 erkennt man, dass die *Dummy Ports* schlimmstenfalls die Hälfte der am Eingang eingespeisten Leistung aufnehmen. Nimmt man eine gleichmäßige Aufteilung der Leistung auf die *Dummy Ports* an, so dürften am Eingang maximal 100W x 16 *Dummy Ports* x 2 = 3200W Dauerstrich-Leistung anliegen, solange die Temperatur der Linse unter 100 °C bleiben soll.

Die Leistungsbelastbarkeit der N-Stecker für ein Dauerstrich-Signal beträgt 1 kW bei 1 GHz [Ros09], welche über der Frequenz absinkt.

Durchschlagsspannung

Am kritischsten ist hier die Durchschlagsspannung der N-Stecker. Die N-Stecker werden auf eine Prüfspannung von 2500V getestet. Die Schwachstelle ist dabei der Luftdurchschlag zwischen Innen- und Aussenleiter. Die Durchschlagsspannung kann erhöht werden, indem man die kritischen Stellen mit Dielektrikum, z.B. Transformatorenöl oder Silikon, füllt, welches eine höhere Durchschlagsspannung besitzt.

Die Durchschlagsspannung des Substrates (Arlon AD1000) beträgt laut Datenblatt mehr als 45 kV. In [MMJRT96] wurde die Durchschlagsspannung von Polytetrafluorethylen (PTFE) getestet. Für eine Pulswiederholfrequenz von 100 Hz und eine Burstdauer von 5 s änderte sich diese dort gegenüber einem einzelnen Puls nicht. Es ist anzunehmen, dass das Substrat, welches haupsächlich aus PTFE besteht, dasselbe Verhalten zeigt. Die Durchbruchfeldstärke von PTFE sinkt mit der Frequenz (Bild 6.10), liegt aber immer noch deutlich über den Durchschlagsspannungen des Steckerübergangs N-Stecker auf Mikrostreifenleitung.

6.6. Auftretende Moden

In Bild 6.7 erkennt man bei niedrigen Frequenzen eine Abstrahlung aufgrund von Resonanzen. Diese Resonanzfrequenzen ergeben sich aus der Formel für die Länge L einer rechteckigen Patch-Antenne und Vielfachen davon [GBB00], [Wat03]:

$$L = \frac{\lambda_0}{2\sqrt{\epsilon_r}}$$

Die HPEM-Linse besitzt im Grundmode für einen beliebigen *Beam Port* Resonanzfrequenzen von ca. 70 MHz. In den Freiraum abgestrahlt werden diese von der Rotman-Linse aber erst ab der dritten Oberwelle der Grundresonanz, da vorher nahezu die gesamte Leistung am *Beam Port* reflektiert wird.

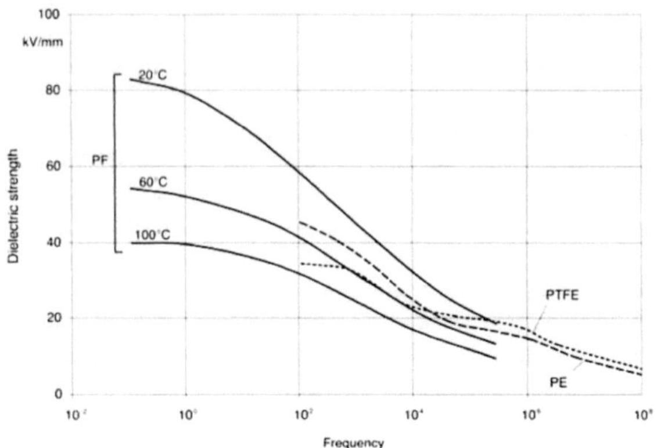

Bild 6.10.: Durchschlagsfestigkeit von PTFE [OBBO06]

Moden auf der Taperung

Die Breite der Mikrostreifenleitung wird so festgelegt, dass sich dort nur der Grundmode ausbreiten kann. In der Parallelplattenregion können sich aufgrund des goßen Breiten zu Längen-
Verhältnisses, ebenfalls keine höheren Moden ausbilden (TEM-Wellenleiter). Jedoch können
sie in der Taperung, dem Übergang von der Mikrostreifenleitung zur Parallelplattenregion,
auftreten.

Die auftretenden Moden wurden bei der maximalen Breite des Beamports und der maximalen Breite des *Array Ports* berechnet (Gleichungen 4.5, 4.8 und 4.7). Diese höheren Moden
beeinträchtigen die Durchgangs S-Parameter der Linse und führen zu einer ungewollten Abstrahlung in den Freiraum (Tabelle 6.1).

(a) HE-Moden

Grenzfrequenz	*Beam Port*	*Array Port*
1. Mode	0,9 GHz	0,7 GHz
2. Mode	1,9 GHz	1,4 GHz
3. Mode	2,8 GHz	2,2 GHz
4. Mode	3,7 GHz	2,9 GHz
5. Mode	4,7 GHz	3,6 GHz
6. Mode	5,6 GHz	4,3 GHz
7. Mode	6,5 GHz	5,1 GHz

(b) TE- und TM Oberflächenwellen

Grenzfrequenz	TE	TM
Grundmode	7,4 GHz	0 GHz
1. Mode	22,2 GHz	14,8 GHz

Tabelle 6.1.: Auftretende Moden in den Tapern von *Beam* und *Array Port*

In Bild 6.11 dargestellt ist das Simulationsmodell der Rotman Linse für den HPEM-Frequenzbereich.
Das Modell wurde auf die festgelegte Substratgröße von 1219,2mm x 914,4mm hin opti-

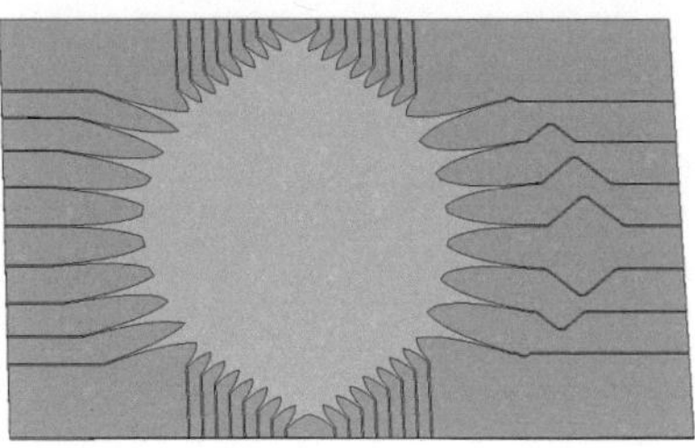

Bild 6.11.: Simulationsmodel des Protoyps

miert. Die Ausdehnung der *Beam* und *Array Port* Konturen in y-Richtung betragen 508mm. Aus Platzmangel konnten die Seitenbereiche nur mit einer Ausdehnung von 153mm realisert werden. Die Taper der Ports haben eine Länge von 140mm.

Da das Substrat eine Dicke von 3,23mm hat, wird die Leiterbreite der Mikrostreifenleitungen zu 3mm gewählt, was die in Tabelle 6.2 gegebenen Wellenwiderstände für die Zuleitungen ergibt.

Frequenz in GHz	Z_l in Ω	$|r|$ bezogen auf 50Ω
0,2	48,5	0,0152
1,8	48,9	0,0111
3,4	50,8	0,0079
5,0	53,8	0,0366

Tabelle 6.2.: Wellenwiderstände und Reflexionsfaktoren der Zuleitungen

Dargestellt in Bild 6.12 ist die Transmissionskurve von *Beam Port* 1 zu *Array Port* 5 jeweils für das analytische Modell und für die Simulation. Durch die beschränkten Seitenbereiche kommt es innerhalb der Parallelplattenregion zu Reflexionen, die eine wellige Kurve erzeugen. Um besser eine Tendenz zu erkennen, wird im Zeitbereich ein Gating vorgenommen, bei dem in der Impulsantwort die Reflexionen nach dem Hauptimpuls abgeschnitten werden. Wenn man den Hauptimpuls zurück transformiert, ergibt sich die blaue Kurve, die die Amplitude der Spektralanteile des Hauptimpulses beschreibt.

Man erkennt, dass die Näherung des analytischen Modells für tiefe Frequenzen stimmt. Für hohe Frequenzen ist es aber gelungen, durch die im vorangegangenen Kapitel beschriebenen Phänomene eine Leistungsübertragung im kompletten Frequenzbereich zu ermöglichen.

In Bild 6.13 wird die Anpassung des *Beam Ports* 1 mit der Näherung des analytischen Modells verglichen. Es ist gelungen eine Anpassung zu erreichen, die ab ca. 300MHz besser als -7 dB ist, was bei den gegebenen Portbreiten ein Optimum darstellt. Die restlichen Ergebnisse finden sich im Anhang.

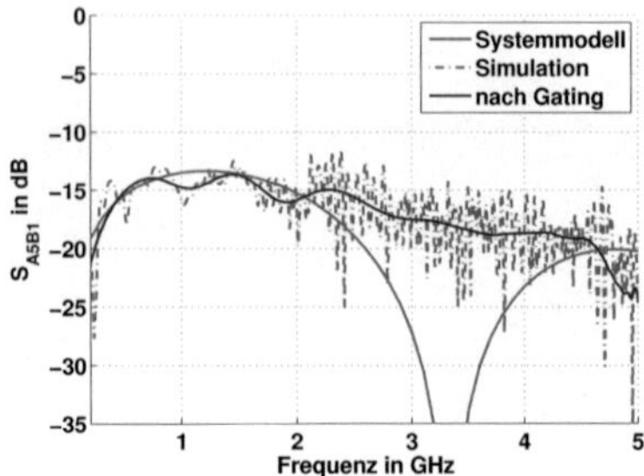

Bild 6.12.: Vergleich der Transmissionskurve von analytischem Modell und Simulation

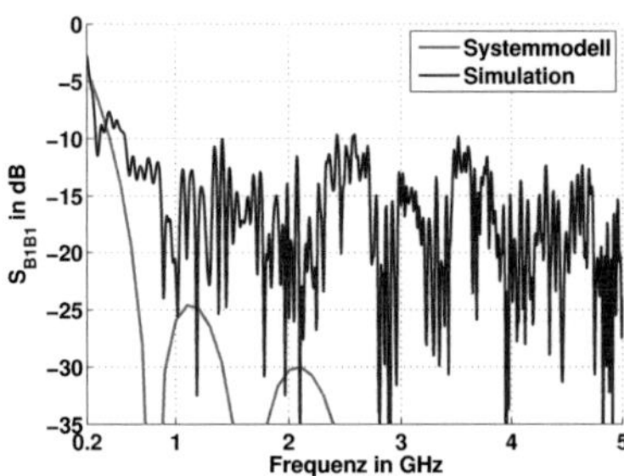

Bild 6.13.: Vergleich der Anpassung von analytischem Modell und Simulation

In den Bildern 6.14 bis 6.16 sind die Transmissionskurven von den *Beam Ports* 1, 3 und 5 hin zu den *Array Ports* 1, 3, 5 und 7 dargestellt. Für eine bessere Übersicht wurden die Kurven zu den 3 weiteren *Array Ports* weggelassen, da diese sich zwischen den Ergebnissen der dargestellten *Array Ports* bewegen. Dabei stellen alle Betragskurven das Ergebnis nach Gating des Hauptimpulses dar. Ohne Gating haben alle Kurven eine Welligkeit, ähnlich zu Bild 6.12. Die restlichen Transmissionskurven finden sich im Anhang.

Man kann erkennen, dass die Leistungsübertragung für hohe Frequenzen hin zu den äußeren Ports wie erwartet schlechter wird. Die Verluste, die durch Fehlanpassung, ohmsche Verluste und Leistung, die in die *Dummy Ports* fließt, entstehen, sind in Bild 6.17 für die 3 *Beam Ports* aufgetragen. An der Darstellung lässt sich gut erkennen, dass die Effizienz des Systems vor allem zu hohen Frequenzen hin und für die äußeren Beamrichtungen abnimmt (siehe auch Abschnitt 6.5.1).

Die Phasen der Transmissionsparameter stimmen jedoch bis auf die Fälle *Beam Port* 1 zu *Array Port* 1 und 7 mit den erwünschten Kurven überein.

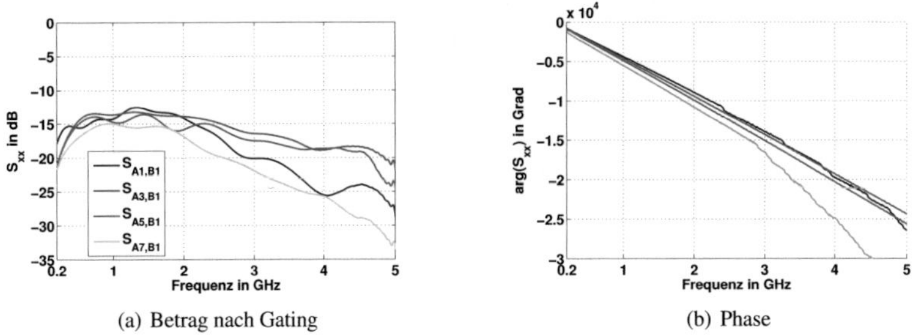

(a) Betrag nach Gating   (b) Phase

Bild 6.14.: Transmission von *Beam Port* 1 zu den *Array Ports* 1, 3, 5, und 7

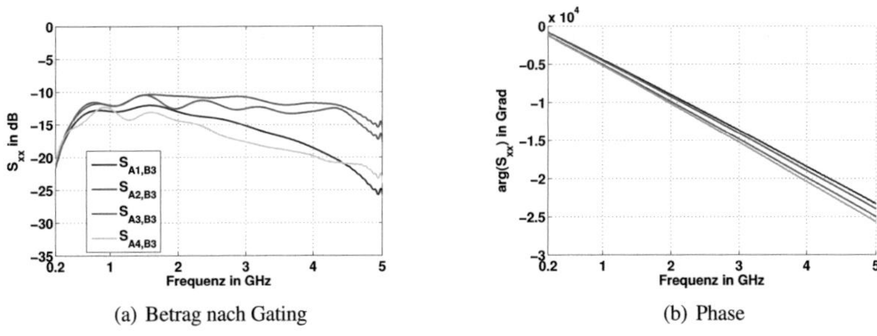

(a) Betrag nach Gating   (b) Phase

Bild 6.15.: Transmission von *Beam Port* 3 zu den *Array Ports* 1, 3, 5, und 7

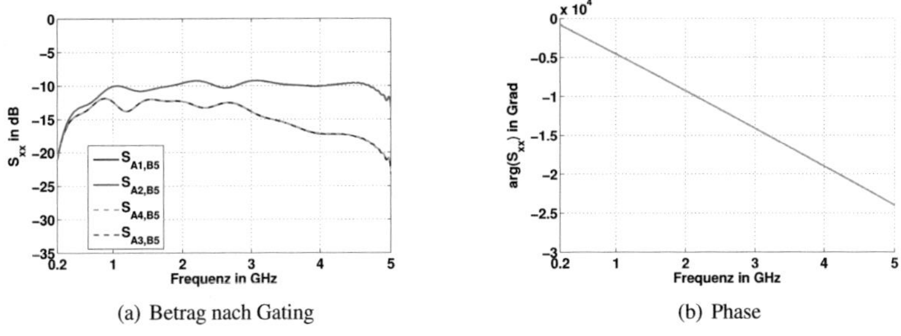

(a) Betrag nach Gating   (b) Phase

Bild 6.16.: Transmission von *Beam Port* 5 zu den *Array Ports* 1, 3, 5, und 7

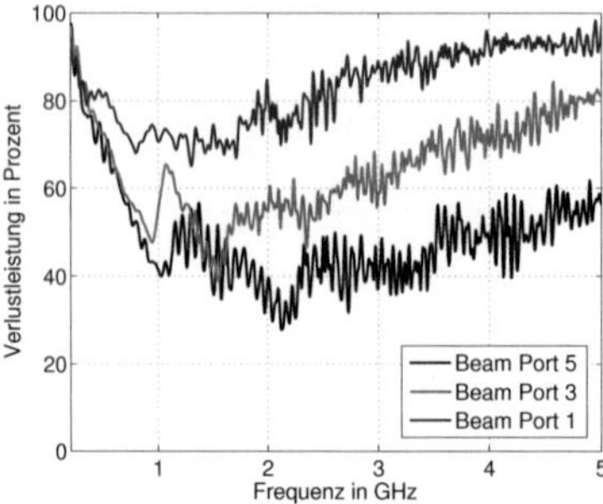

Bild 6.17.: Verluste der Rotman Linse

Dadurch, dass die Phasenverläufe mit dem erwünschten linearen Verlauf übereinstimmen, und dass die Abstände korrekt sind, ergeben sich in den aus den Simulationsdaten berechneten Gruppenfaktoren (Bild 6.18 bis 6.22) die korrekten Abstrahlrichtungen. Man erkennt, dass die Strahlrichtung wie erwünscht im kompletten Spektrum konstant ist, und dass das Maximum äquidistant von $-45°$ nach $0°$ wandert. Die Strahlschwenkung funktioniert ab ca. 350MHz, was mit der Grenzfrequenz der Anpassung übereinstimmt. Für die äußeren Strahlrichtungen nimmt für hohe Frequenzen hin der Gewinn ab. Hier wird die Strahlschwenkung hauptsächlich von den mittleren Antennen getragen, da die Leistung, die durch die Parallelplattenregion zu den äußeren Antennen führt, sehr gering ist.

Es ist gelungen für eine Bandbreite von 350MHz bis 5GHz eine funktionierende Rotman Linse im Modell zu realisieren. Das Modell bietet somit unter den gegebenen physikalischen Grenzen, die sich vor allem in den höheren Verlusten niederschlagen, und den gegebenen Randbedingungen (Anzahl der Antennen, *Beam*richtungen, Größe des Substrats) eine sehr gute Performanz im Hinblick auf ultrabreitbandiges Strahlschwenken für ein HPEM-System, welche im Folgenden mit Hilfe eines Prototypen überprüft wird.

6.7. Herstellung und Vermessung eines Prototypen

Die Arbeitsschritte entsprechen denen bei der FCC-UWB-Linse. Erschwerend kommt hier beim Aufbau das Aneinanderfügen der beiden Teilsubstrate hinzu. Die Auswertung der Messergebnisse spricht aber für ein gutes Funktionieren dieses Prototyps.

6.7.1. Aufbau der HPEM-Linse

Die HPEM-Rotman-Linse wurde aufgrund seiner großen Abmessungen auf zwei getrennten Substraten geätzt (Bild 6.23). Diese haben sich aufgrund der Wärmeausdehnung, welche beim Herstellungsprozess der Metallisierung des Substrats auftritt, unterschiedlich gebogen,

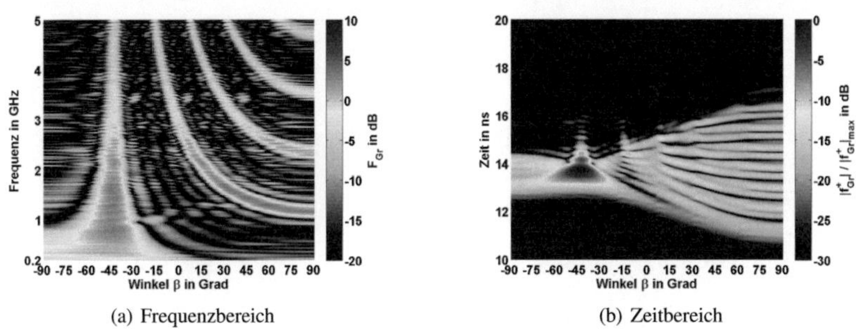

(a) Frequenzbereich   (b) Zeitbereich

Bild 6.18.: Gruppenfaktor *Beam Port* 1

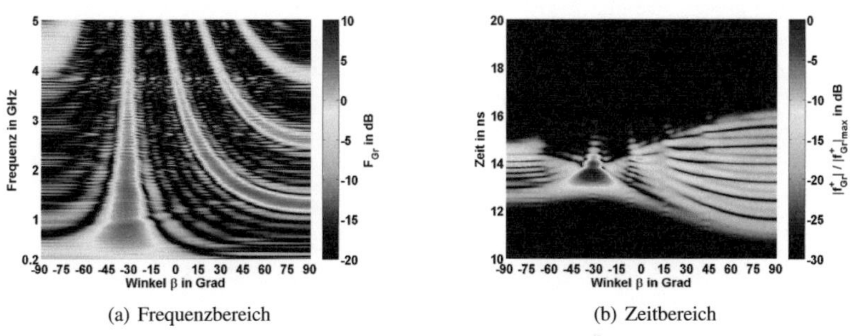

(a) Frequenzbereich   (b) Zeitbereich

Bild 6.19.: Gruppenfaktor *Beam Port* 2

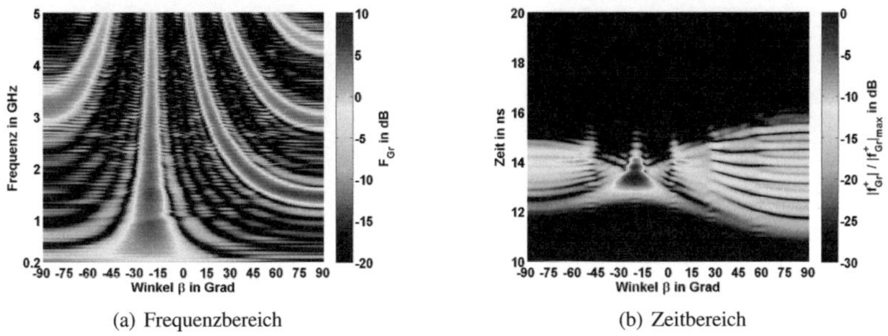

(a) Frequenzbereich   (b) Zeitbereich

Bild 6.20.: Gruppenfaktor *Beam Port* 3

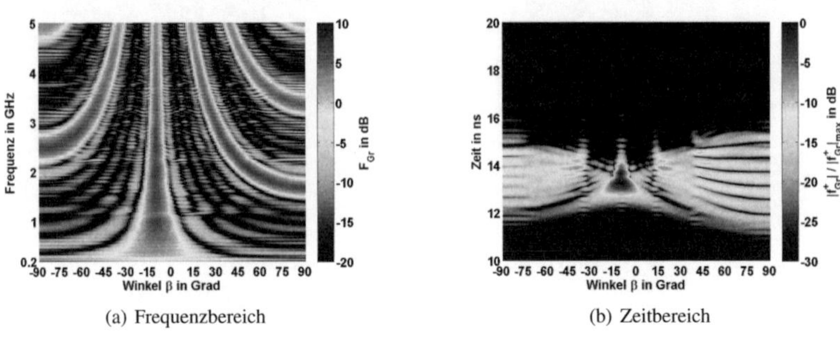

(a) Frequenzbereich   (b) Zeitbereich

Bild 6.21.: Gruppenfaktor *Beam Port* 4

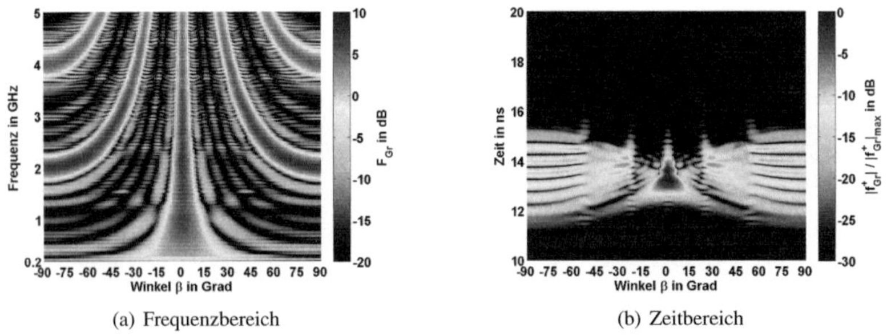

(a) Frequenzbereich   (b) Zeitbereich

Bild 6.22.: Gruppenfaktor *Beam Port* 5

so dass ein einfaches Zusammenfügen nicht möglich war. Die beiden Substrate (inkl. Bodenmetallisierung) sind deshalb auf eine große, dicke Metallplatte aufgeklebt. Das hat den Vorteil einer größeren mechanischen Stabilität und eines besseren Massekontakts zwischen den Bodenmetallisierungen der beiden Substrate. Als Kleber wird ein Zweikomponentenkleber auf Epoxidharzbasis verwendet. Der Kleber hat keinen nennenswerten Einfluss auf die Massverbindung der beiden metallisierten Substrathälften.

6.7.2. Messung der S-Parameter

Eine Auswahl von vier Messergebnissen ist mit einem Vergleich zum Idealfall, zum analytischen Modell und zur Simulation in *CST Microwave Studio* in Bild 6.24 dargestellt. Den Idealfall erhält man, wenn man die Eingangsleistung am jeweiligen *Beam Port* gleichmäßig auf alle sieben *Array Ports* aufteilt und von einer verlustfreien Transmission ausgeht. Es ist zu erkennen, dass Messung, Simulation und analytischer Ansatz konsistente Ergebnisse liefern. Die Simulation zeigt durchgängig bessere Ergebnisse als die Messung, da ohmsche und Substratverluste vernachlässigt sind. Das Messergebnis zeigt eine größere Übereinstimmung mit dem analytischen Modell als mit der Simulation in *CST Microwave Studio*, was dessen Validität bestätigt.

Alle Messergebnisse finden sich im Anhang A.14. Bei den meisten Messergebnissen zeigt sich bis 1,5 GHz eine gute Übereinstimmung mit dem analytischen Modell und der Simulation. Bei höheren Frequenzen gibt es Abweichungen, da im analytischen Ansatz keine Abstrahlungsverluste berücksichtigt werden. Das stimmt ebenfalls sehr gut mit den Ergebnissen der Leistungsaufteilung (Bild 6.7) überein.

6.7.3. Zeitbereichsmessung und Auswertung der Gütekriterien

Die Gütekriterien werden nach den Formeln in Kapitel 2.5 und 2.6 berechnet. Das Bild 6.25 zeigt die verschiedenen Zeitbereichs-Gütekriterien für die die HPEM-Linse. So sind z.B. bei der HPEM-Linse bei h_{max} die einzelnen *Beam Ports* deutlich voneinander in der Amplitude getrennt, während das bei der UWB-Linse nicht der Fall ist. Ebenso ergibt sich bei der Standardabweichung der Gruppenlaufzeit in Bild 6.28 ein unterschiedliches Verhalten, was auf die viel größere Bandbreite zurückzuführen ist. Die zeitliche Halbwertsbreite τ_{FWHM} liegt bei der HPEM-Linse im Bereich von 1 - 1,7 ns. Sie ist, genauso wie τ_{ringing}, größer als bei der UWB-Linse, was auf die tiefere untere Frequenzgrenze zurückzuführen ist. Das Nachschwingen weist ein uneinheitliches Bild auf, was durch die starken Verzerrungen des Eingansimpulses durch die Rotman-Linse hindeutet.

Ein wichtiger Parameter ist die Impulsanstiegszeit, welche anhand des Betrages des analytischen Ausgangssignals der *Array Ports* ermittelt wird. Diese bewegt sich im Bereich von 0,7 ns bis 2,2 ns. Damit ist der Ausgangsimpuls an den *Arrayports* gemäß der Klassifizierung in Tabelle 2.2 als schneller EMP-Puls zu bezeichnen und nicht mehr als UWB-Impuls.

Das Maximum des übertragenen transienten Impulses h_{max} fällt in der Messung niedriger aus als in der Simulation, aufgrund der bereits erwähnten vernachlässigten Verlustmechanismen. Die prinzipiellen Verläufe der Kurven stimmen allerdings überein.

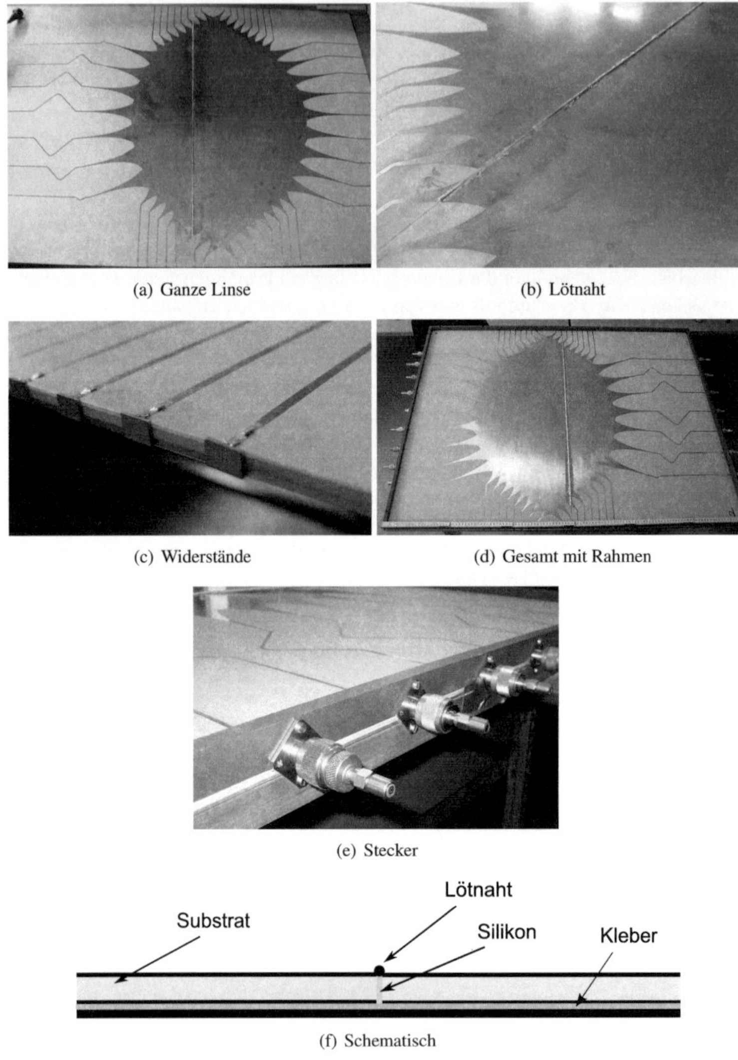

(a) Ganze Linse

(b) Lötnaht

(c) Widerstände

(d) Gesamt mit Rahmen

(e) Stecker

(f) Schematisch

Bild 6.23.: Aufbau der Linse

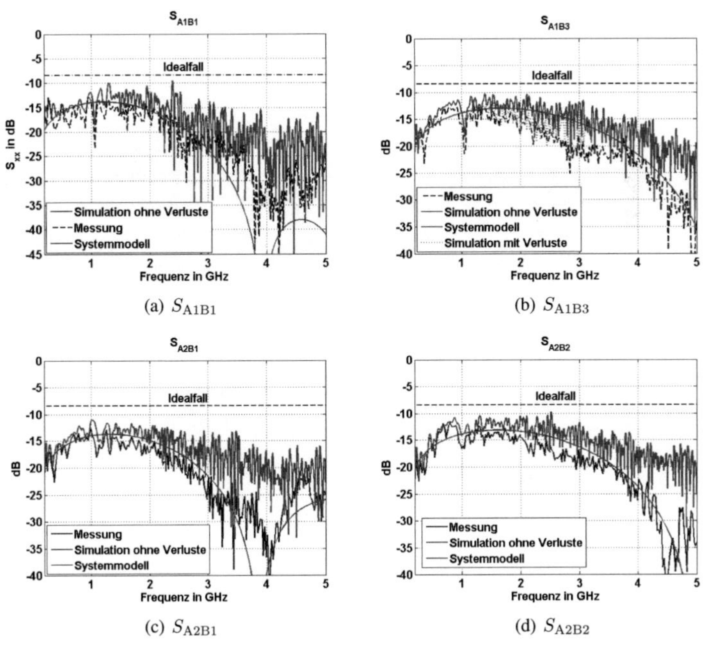

(a) S_{A1B1}

(b) S_{A1B3}

(c) S_{A2B1}

(d) S_{A2B2}

Bild 6.24.: Einige Ergebnisse der Frequenzbereichsmessung der HPEM-Linse mit Vergleich

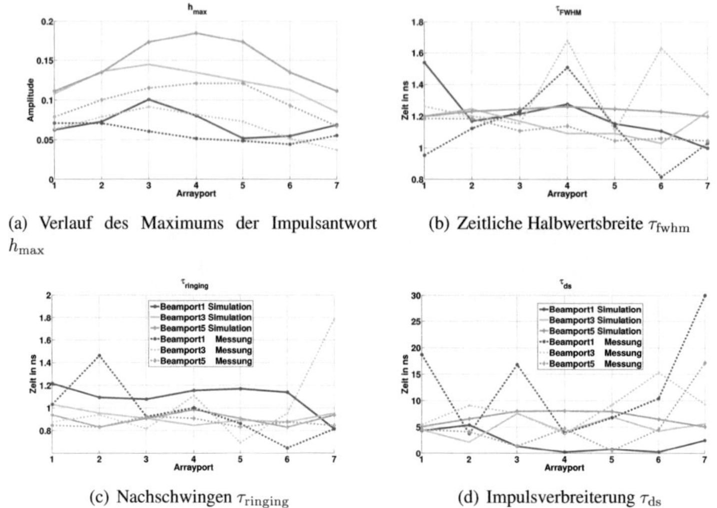

(a) Verlauf des Maximums der Impulsantwort h_{max}

(b) Zeitliche Halbwertsbreite τ_{fwhm}

(c) Nachschwingen τ_{ringing}

(d) Impulsverbreiterung τ_{ds}

Bild 6.25.: Gütekriterien der HPEM-Linse - Vergleich von Simulation und Messung

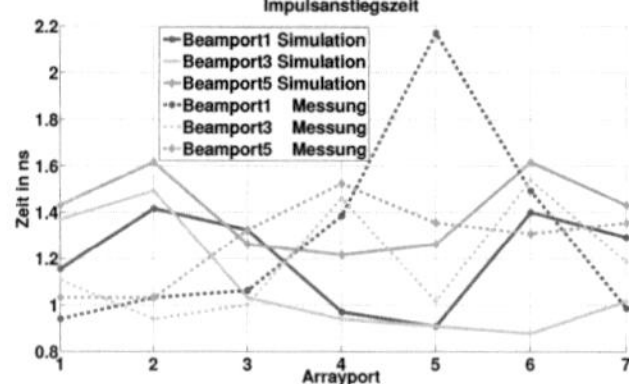

Bild 6.26.: Impulsanstiegzeit des Betrags des analytischen Ausgangssignals an allen *Array Ports*

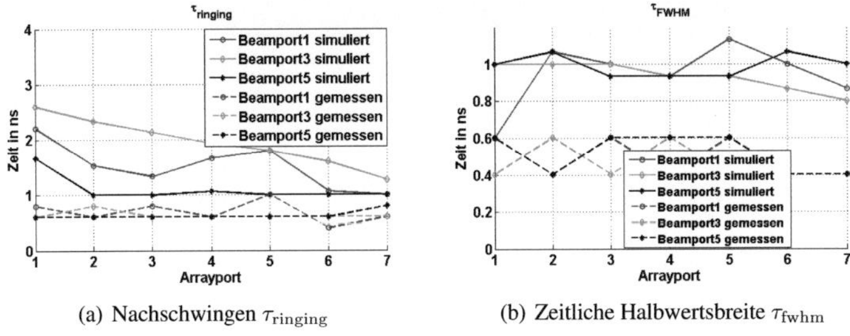

(a) Nachschwingen τ_{ringing} (b) Zeitliche Halbwertsbreite τ_{fwhm}

Bild 6.27.: Gütekriterien der HPEM-Linse - Vergleich von Simulation und Messung für den Hauptimpuls des Ausgangsignals

Betrachtet man nicht die Einhüllende des Ausgangsignals sondern das Signal selbst und wertet für dieses die Gütekriterien aus, so verbessert sich die Performance der Rotman-Linse und es wird deutlich, dass diese geeignet ist, UWB-Impulse zu übertragen. Bei Betrachtung der Ausgangspulse der HPEM-Rotman-Linse in Bild 6.29 wird dies bestätigt.

Für die Parameter τ_{FWHM} und τ_{ringing} fällt bei Betrachtung des Hauptimpulses auf, dass diese durchgehend in der Messung deutlich bessere Werte aufweisen als in den Simulationen. Die zeitliche Halbwertsbreite τ_{FWHM} bewegt sich nun zwischen 0,4 und 0,6 ns und die Nachschwingzeit liegt zischen 0,7 und 1 ns. Bemerkenswert ist, dass diese beiden Gütekriterien sich für unterschiedliche *Beam Ports* nur wenig unterscheiden. Der Hauptimpuls wird also für alle *Beam Ports* zuverlässig durch die Rotman-Linse übertragen. Das ableitende Verhalten der Rotman-Linse ist ebenfalls wieder deutlich zu erkennen. Es gibt allerdings im Vergleich mit der UWB-Rotman-Linse deutlich mehr Signalanteile, die langsamer abklingen, welche auf hin- und rücklaufende Wellen innerhalb der Rotman-Linse schließen lassen.

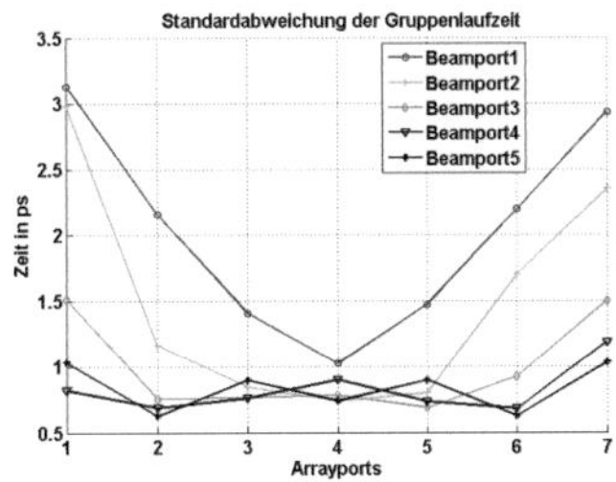

Bild 6.28.: Standardabweichung der Gruppenlaufzeit der Signale durch die HPEM-Rotman-Linse

Die Funktionsfähigkeit der Rotman-Linse zum Strahlschwenken von sehr kurzen transienten Spannungsimpulsen ist durch die vorgestellten Messergebnisse bestätigt, allerdings sind

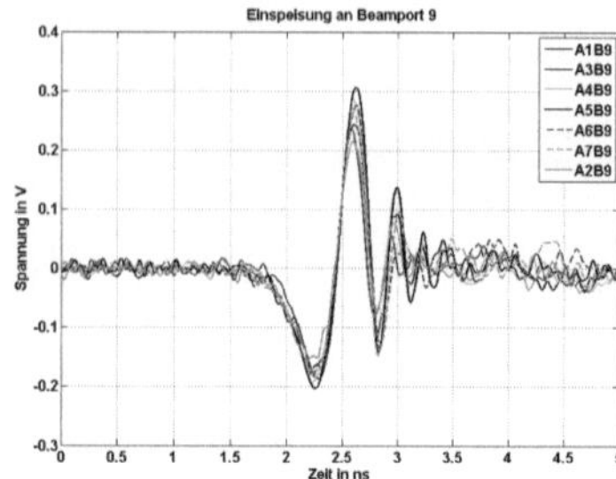

Bild 6.29.: Ausgangspulse an den *Array Ports* bei Speisung von BP 5

zu höheren Frequenzen Einschränkungen zu erwarten, was besonders deutlich durch die Impulsanstiegzeit gezeigt wird. Das analytische Modell behält auch hier seine Gültigkeit für erste Designansätze. Die Überlegungen zur Leistungsbelastung zeigen, dass es sich um eine geeignete Struktur handelt, sofern einige kV Eingangsspannung nicht überschritten und lediglich kurze Pulse verwendet werden.

7. Systembetrachtung

7.1. Eingangspuls

7.1.1. Spektrum

In Bild 7.1 ist der schematische Aufbau des HPEM-Systems, die Hardwarekomponenten und die prinzipiellen idealen Impulsformen gezeigt. Das Signal wird, ausgehend vom Pulsgenerator, zuerst durch die Rotman-Linse übertragen und anschließend von einer Antennengruppe aus ultrabreitbandigen Vivaldi-Antennen abgestrahlt. Die Rotman-Linse leitet wie bereits gezeigt ein breitbandiges transientes Eingangssignal nach der Zeit ab. Für Sendeantennen ist bekannt, dass diese das eingespeiste Signal im abgestrahlten elektrischen Feld zeitlich ableiten [Sör07]. Somit ist das abgestrahlte Signal gegenüber dem Eingangssignal zweimal zeitlich abgeleitet.

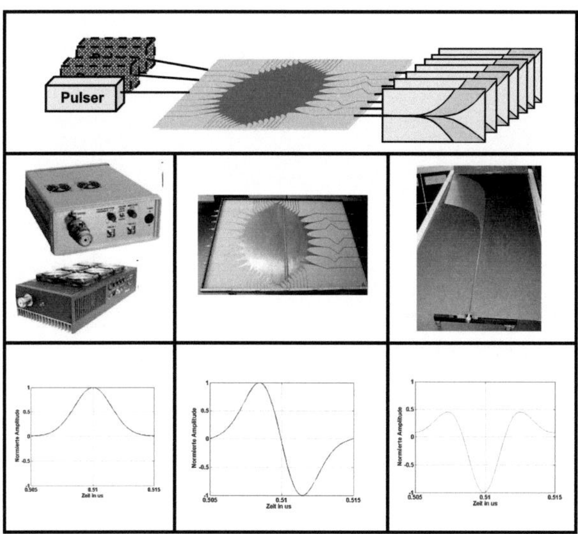

Bild 7.1.: Testaufbau mit Pulsgenerator, Rotman-Linse und Vivaldi-Antenne. Oben: schematisch, Mitte: Hardware, Unten: ideale Impulsformen

Für die Untersuchung wird ein Gausspuls mit einer Mittenfrequenz von 2,6 GHz und einer relativen Bandbreite von 1,85 gewählt. Die Bandbreite des Pulses erstreckt sich damit von 0,2 - 5 GHz. An den Rändern ist das Signal um -6 dB schwächer ggü. der Mittenfrequenz. Der Gausspuls wurde auf eine Leistung von 1 W, d.h. auf eine Varianz von eins normiert.

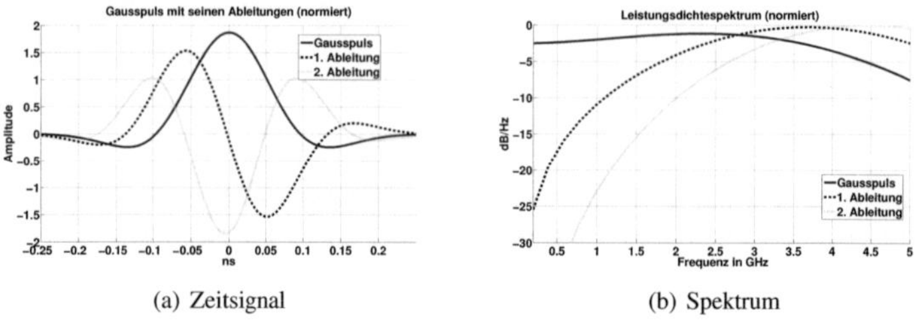

(a) Zeitsignal   (b) Spektrum

Bild 7.2.: Gausspuls mit 1. und 2. Ableitung

In Bild 7.2 ist das Spektrum des resultierenden Pulses durch die zeitliche Ableitung des Signals zu höheren Frequenzen hin verschoben. Das ist ein unerwünschter Effekt, da das System damit erst ab 2,5 GHz Leistung abstrahlt.

Im folgenden werden zwei Vorschläge untersucht, um das zu verbessern:

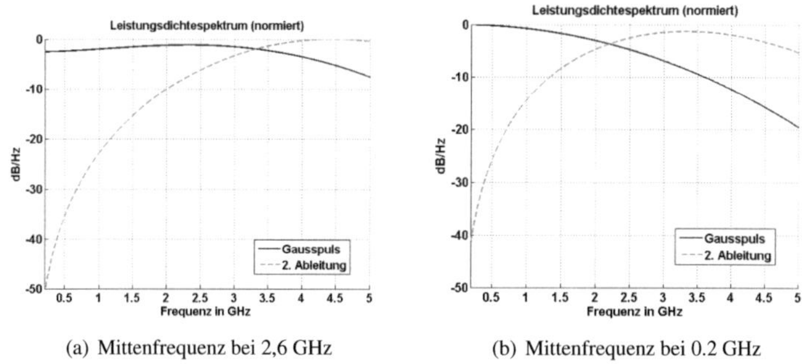

(a) Mittenfrequenz bei 2,6 GHz   (b) Mittenfrequenz bei 0.2 GHz

Bild 7.3.: Gausspuls mit verschiedenen Mittenfrequenzen

1. Gausspuls mit einer niedrigeren Mittenfrequenz einspeisen

2. Exponentialpuls einspeisen, denn eine Exponentialfunktion ergibt abgeleitet wieder eine Exponentialfunktion.

In Bild 7.4 wird ein Exponentialpuls mit einer Anstiegszeit von 0,2 ns und einer Abfallzeit von 0,5 ns der e-Funktion untersucht. Aufgrund des nichtstetigen Verlaufs des idealisierten

Pulses kommt es an den Unstetigkeitsstellen in der zweiten Ableitung zu Diracimpulsen. Diese zwei Diracstöße verursachen ein Absinken der Leistungsdichte. In der Realität werden diese Unstetigkeitsstellen jedoch nicht so deutlich auftreten und die Energie sich dann im Bereich von 0 GHz bis 5 GHz konzentrieren. Verglichen mit einem Gausspuls mit einer sehr hohen relativen Bandbreite (Bild 7.3) ergibt sich kein deutlicher Vorteil eines Exponentialpulses. Die höchste Frequenz des Pulses wird durch die Pulsanstiegszeit bestimmt. Die Rotman-Linse und die Antenne führen beide zu einer dispersiven Verbreiterung des einfespeisten Signals, welche jeweils durch die zeitliche Halbwertsbreite des Ausgangsimpulses beschrieben wird. Diese beträgt bei Rotman-Linse und Antenne ca. jeweils 0,5 ns und 1,1 ns. Die Verzerrungen sind im allgemeinen additiv.

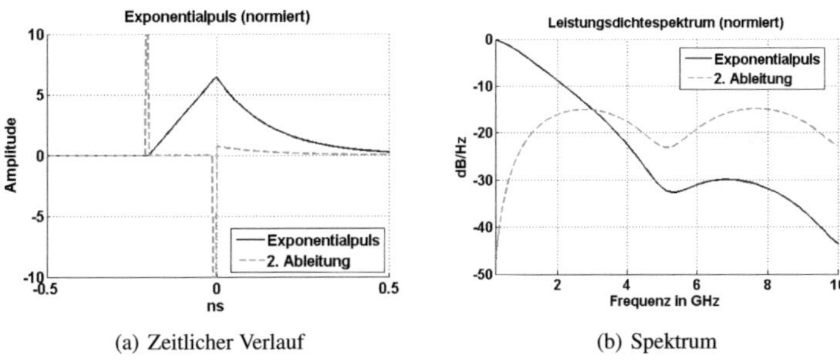

(a) Zeitlicher Verlauf (b) Spektrum

Bild 7.4.: Exponentialpuls

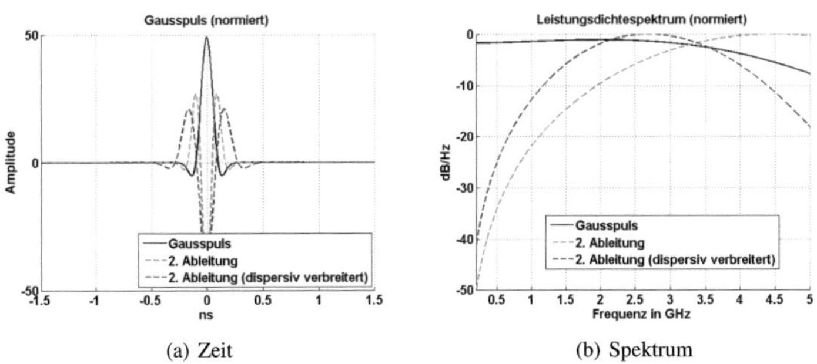

(a) Zeit (b) Spektrum

Bild 7.5.: Dispersive Verbreiterung des Pulses

Die Messergebnisse der Rotman-Linse zeigen, dass hohe und niedrige Frequenzanteile verloren gehen. Das Maximum der spektralen Leistungsdichte am Ausgang liegt bei 1 GHz (Bild 7.6) und konzentriert sich zwischen 350 MHz und 4,5 GHz.

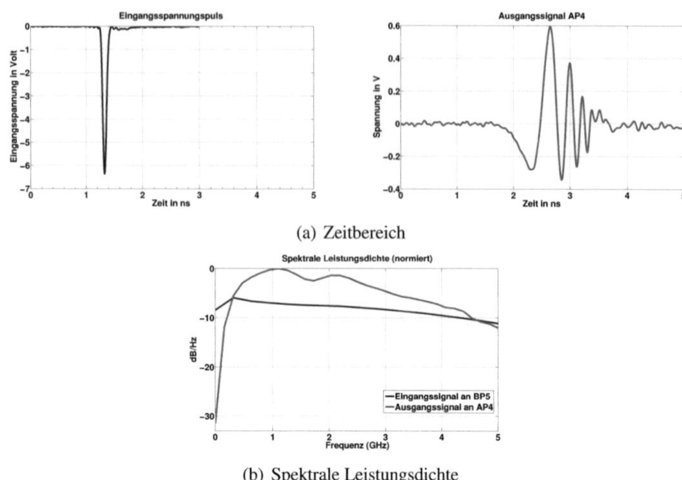

(a) Zeitbereich

(b) Spektrale Leistungsdichte

Bild 7.6.: Ein- und Ausgangspuls der Rotman-Linse und die zugehörigen Spektren (Messung)

7.1.2. Einfluss der Pulswiederholfrequenz

Eine Pulsfolge von Gausspulsen entspricht im Zeitbereich einer Faltung von einem Gausspuls mit einem Dirac-Kamm (Bild 7.7). Transformiert in den Frequenzbereich wird nun das Spektrum des Gausspulses mit dem Spektrum des Dirac-Kamms multipliziert. Die Fourier-Transformierte eines Dirac-Kammes ist wiederum ein Dirac-Kamm. Das Spektrum des Pulses multipiziert mit dem Dirac-Kamm im Frequenzbereich ergibt nun einen Kamm von diskreten Frequenzen, welche mit der Einhüllenden des Pulsspektrums gewichtet sind. Der Abstand der diskreten Frequenzen entspricht der Pulswiederholfrequenz.

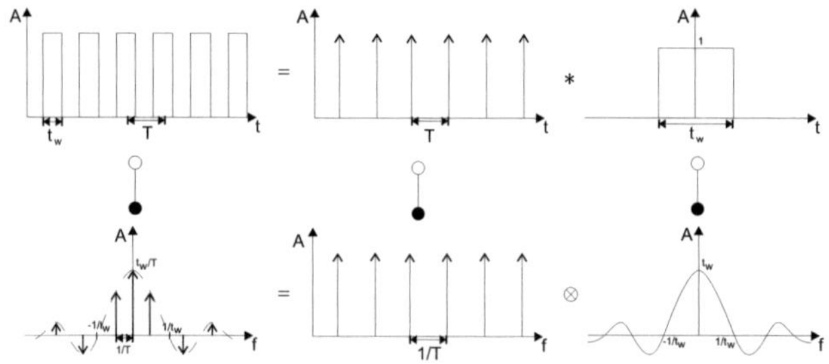

Bild 7.7.: Spektrum einer Pulsfolge

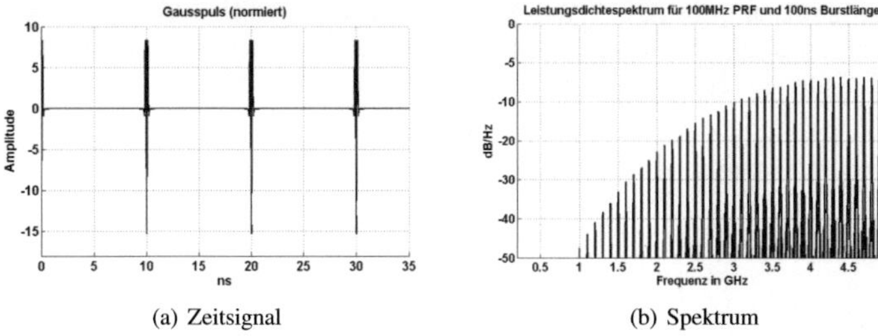

(a) Zeitsignal

(b) Spektrum

Bild 7.8.: Pulsfolge am Ausgang für eine PRF = 100 MHz

Angewendet auf das Spektrum am Ausgang des HPEM-Systems und für eine Pulswiederholfrequenz von 100 MHz ergibt sich das Spektrum aus Bild 7.8. Der Abstand der diskreten Spektrallinien entspricht der Pulswiederholfrequenz. Treten durch eine höhere Pulswiederholfrequenz weniger Spektrallinien auf, so besitzt jede von ihnen mehr Energie (Bild 7.9). Je länger der *Burst* aus Gauß-Impulsen ist, desto höher und schmaler sind die einzelnen Spektrallinien (Erhöhung der Energie pro Spektrallinie, Gesamtleistung ist konstant).

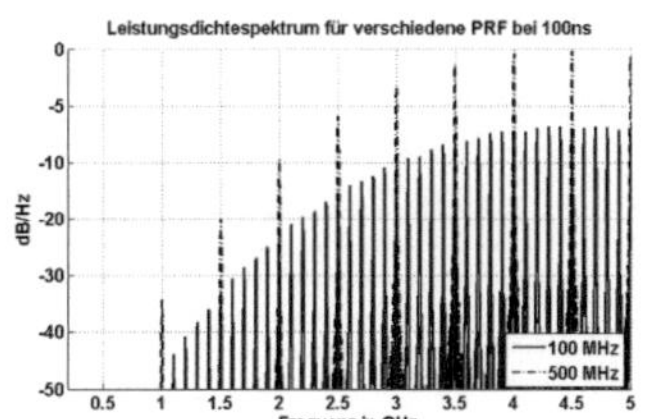
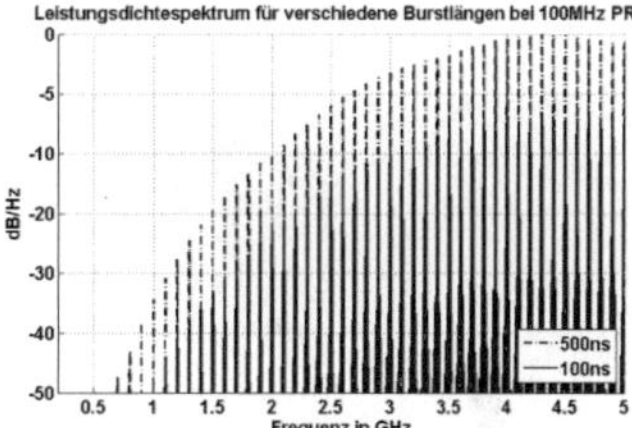

(a) Vergleich verschiedener Pulswiederholfrequenzen

(b) Vergleich verschiedener Burstlängen

Bild 7.9.: Beeinflussen des Spektrums

7.2. Strahlschwenkung der Vivaldi-Antennengrupppe mit der Rotman-Linse als Speisenetzwerk

Es ergibt sich ein leichter Vorteil der Anordnung in der E-Ebene gegenüber jener in der H-Ebene im Fall einer Strahlschwenkung, da in der E-Ebene die Hauptkeule der Vivaldi-Antenne breiter ist (siehe Bild 7.10 und Bild 7.11), was einen größeren Schwenkwinkel ermöglicht. Sind die Antennen jedoch in der H-Ebene angeordnet, ist der Abstand der Antennen zueinander flexibler.

Der Gewinn der aufgebauten Vivaldi-Antenne beträgt 6 - 13 dBi. Der Gruppenfaktor durch die Rotman-Linse erreicht im besten Fall 10 dB. Somit ergibt sich ein maximaler Gesamtgewinn von 23 dBi. Die Halbwertsbreite beträgt in diesem Fall ca. 10°.

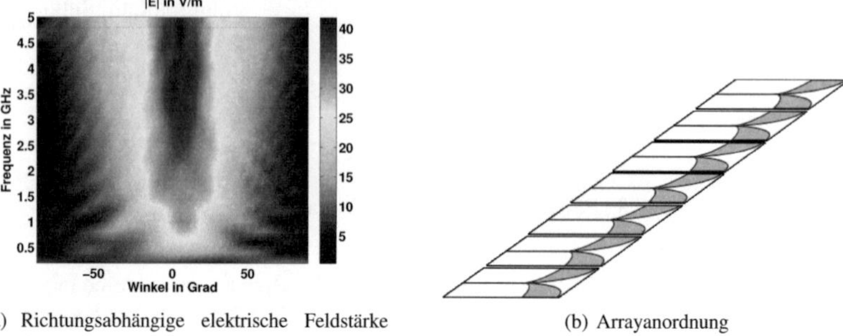

(a) Richtungsabhängige elektrische Feldstärke über Frequenz

(b) Arrayanordnung

Bild 7.10.: Elektrische Feldstärke im Abstand von 100 m bei einer Spitzenleistung von 1,25 kW bei Anordnung in der E-Ebene

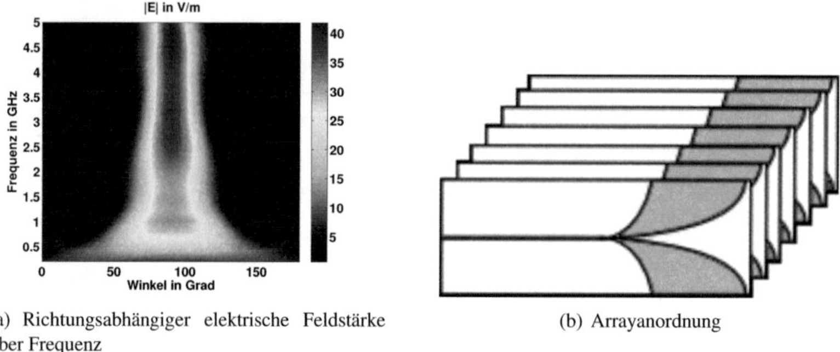

(a) Richtungsabhängiger elektrische Feldstärke über Frequenz

(b) Arrayanordnung

Bild 7.11.: Elektrische Feldstärke im Abstand von 100 m bei einer Spitzenleistung von 1,25 kW bei Anordnung in der H-Ebene

7.3. Reichweite

Die Feldstärke im Fernfeld eines Antennenarrays in Hauptstrahlrichtung lässt sich mit (1.2) berechnen und ist eine Funktion der Antennenwirkfläche A_{w}, des Abstands r, der gesendeten Leistung P und der Anzahl der Arrayelemente N:

$$E_\mathrm{f} = \frac{\sqrt{P Z_\mathrm{F0} A_\mathrm{w}}}{r\lambda}\sqrt{N}$$

Z_0 ist dabei der Wellenwiderstand des freien Raums. Die Fernfeldspannung (1.3) stellt ein abstandsunabhängiges Maß für die Feldstärke dar:

$$U_\mathrm{fern} = E_\mathrm{f} \cdot r$$

Die Antennenwirkfläche A_w ist bei der Vivaldiantenne eine Funktion der Frequenz, da ihr Gewinn ebenfalls von der Frequenz abhängt:

$$A_\mathrm{w}(f) = \frac{\lambda^2}{4\pi\eta} \cdot G(f)$$

Wie aufgrund der Geometrie der Vivaldiantenne zu erwarten ist, wird die Antennenwirkfläche mit zunehmender Frequenz kleiner.

Die bei HPEM-Systemen üblicherweise eingesetzten Pulser, wie z.B. die FPG-SP Serie von FID Technology erzeugen Spannungen von 2 - 10 kV mit einer Pulsdauer von 0,2 - 1 ns und Pulswiederholraten bis zu 100 kHz [FID09]. Diese Pulse besitzen während der Pulsdauer Spitzenleistungen von bis zu 2 MW. Im zeitlichen Mittel über 1 s ergibt sich für 10 kV-Pulse bei einer PRF von 100 kHz eine Leistung von 40 W.

Die zeitlich gemittelte Leistung berechnet sich aus der Pulsdauer, Pulsleistung und der Pulswiederholfrequenz:

$$P_\mathrm{Mittel} = P_\mathrm{Puls} \cdot \triangle t_\mathrm{Puls} \cdot \mathrm{PRF} \tag{7.1}$$

In Bild 7.12 ist ein idealisierter Eingangsimpuls für das HPEM-System dargestellt. Dessen zeitliche Halbwertsbreite beträgt 116 ps, das Maximum des Pulses beträgt 20 kV. Dieser Impuls wird nun durch die Rotman-Linse gedämpft und abgleitet und geht über die *Array Ports* zur Vivaldi-Antennengruppe mit 7 Antennen .Es wird in den Berechnungen zur Feldstärke im Fernfeld daher von folgenden Werten ausgegangen: Ein Puls mit 8 MW Spitzenleistung (20 kV Spitze bei 50 Ω) und sieben Arrayelemente.

In Bild 7.13 ist die Spitzenfeldstärke in Abhängigkeit der Entfernung für einen 20 kV-Puls und unter Berücksichtigung der Rotman-Linse für den mittleren Beamport dargestellt. Ein 20 kV-Puls am Eingang der Rotman-Linse bestenfalls einem 9 kV-Puls am Eingang der Antennen.

Die Reichweite des Antennenarrays mit der Rotman-Linse als strahlschwenkendes Speisenetzwerk beträgt, wenn man gemäß [IEC04a] von der minimalen Wirkfeldstärke des elektrischen Felds von 100 V/m ausgeht (siehe auch Abschnitt 2.2.3) und einer vollkomen ungestörten Freiraumausbreitung, ungefähr 500 m. Bis zu einem Abstand von 100 m ist die am Wirkort auftretende Feldstärke größer als 1 kV/m. In Bild 7.14 und Bild 7.15 sind die idealisierten Abhängigkeiten der Puls-Fernfeldspannung von der Arraygröße und der zeitlich gemittelten Leistung von der Pulswiederholfrequenz aufgetragen. So kann bei begrenzter Anzahl von Antennen eine Erhöhung der PRF zu einer Erhöhung des Ausgangsleistungsniveaus

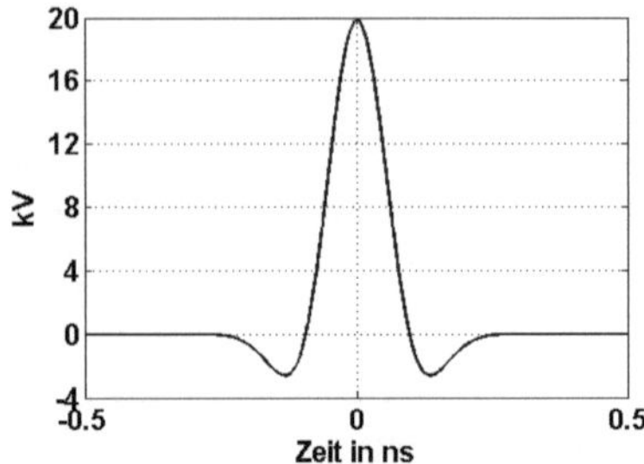

Bild 7.12.: Idealisierter 20 kV HPEM-Eingangspuls

verwendet werden. Allerdings hat dies dennoch nicht die gleiche Wirkung, da das transiente Verhalten der Impulse nicht vertärkt wird, sondern lediglich die über die Zeit gemittelte Leistung.

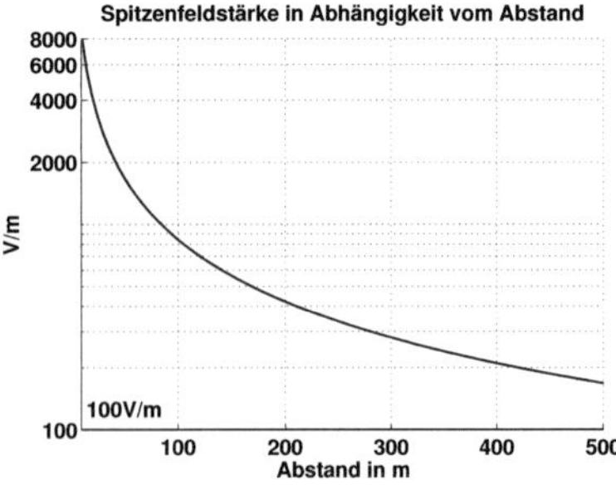

Bild 7.13.: Spitzenfeldstärke für einen Puls mit 8MW Spitzenleistung

7.4. Zeitbereichsergebnisse für das Vivaldi-Antennenarray mit Rotman-Linse

In Bild 7.16 ist der zeitliche Verlauf des E-Feldes für die Arrayanordnung gemäß Bild 7.10 für verscheidene Schwenkwinkel in Azimut gegeben. Die Vorgehensweise für die Berechnung der Darstellungen ist im Anhang A.9 zu finden. Es werden die Hauptstrahlrichtung und die maximale Schwenkrichtung von -45° betrachtet. Der zeitliche Haupt-Puls besitzt eine zeitliche Breite von ca. 1,5 ns. Dabei tragen die Rotman-Linse und die Antenne zu gleichen Teilen an der Impulsverbreiterung bei.

In Bild 7.17 sind nochmals die normierten Gruppenfaktoren bei Verwendung isotroper Strahler für die Hauptstrahlrichtung und die äußerste Schwenkrichtung (45°) des Arrays mit

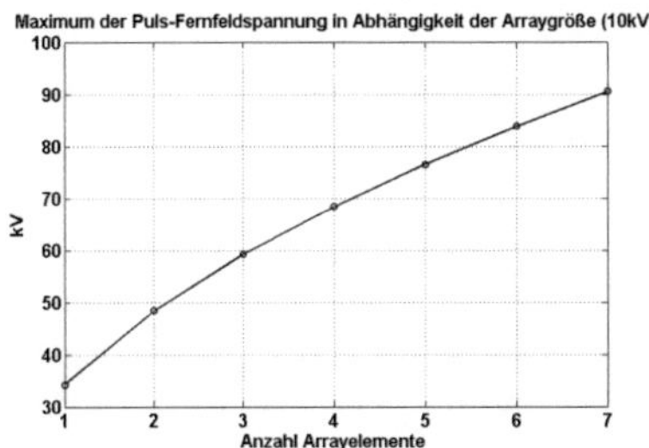

Bild 7.14.: Fernfeldspannung in Abhängigkeit der Arraygröße (für Spitzenleistung)

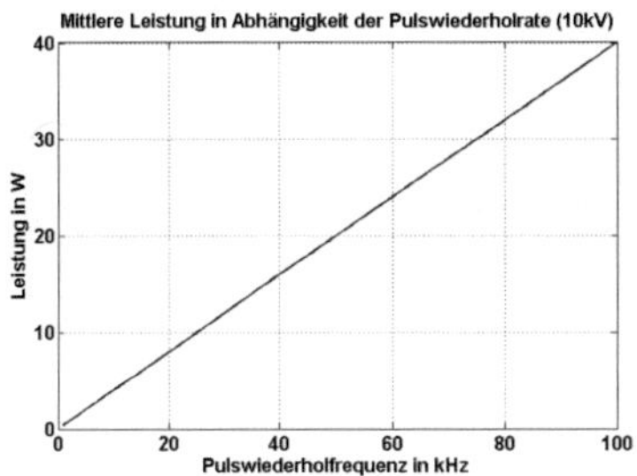

Bild 7.15.: Mittlere Leistung in Abhängigkeit der Pulswiederholrate

$N = 7$ Strahlern gegeben. Diese sollen dazu dienen, den Einfluss der Rotman-Linse deutlich zu machen.

Es ist zu erkennen, dass bei der Verwendung der äußersten Beamrichtung $\pm 45°$ immer ein Teil der Energie in die Hauptstrahlrichtung der Einzelantenne abgestrahlt wird. Dieser Effekt bei Anordnung der Antenngruppe gemäß Bild 7.10 im Vergleich zu der Anordnung gemäß Bild 7.11 schwächer ausgeprägt, da die Hauptkeule der Antenne in der E-Ebene breiter ist als in in der H-Ebene. Der Vorteil einer Anordung in der H-Ebene besteht allerdings darin dass diese Anordung weniger Platz benötigt.

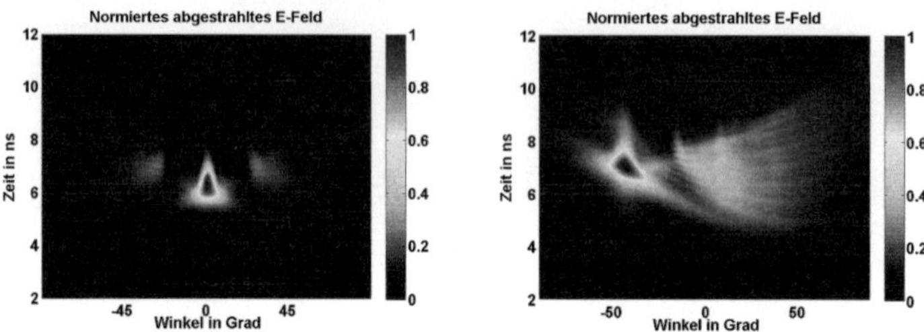

(a) Abgestrahltes E-Feld incl. Rotman-Linse 0°, Speisung an BP5

(b) Abgestrahltes E-Feld incl. Rotman-Linse -45°, Speisung an BP1

Bild 7.16.: Normiertes abestrahltes E-Feld im Zeitbereich (Anordnung der Antennen in der E-Ebene)

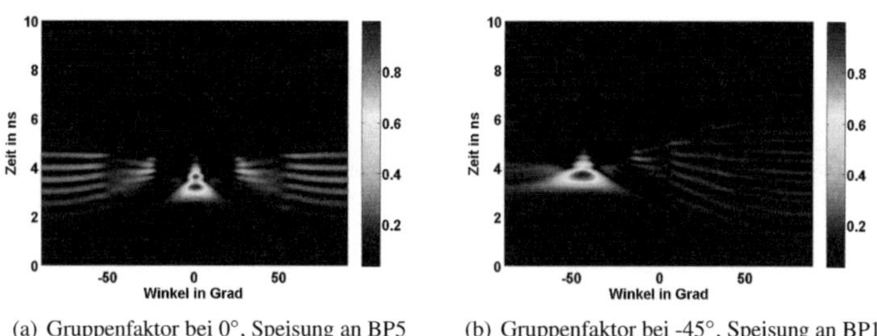

(a) Gruppenfaktor bei 0°, Speisung an BP5

(b) Gruppenfaktor bei -45°, Speisung an BP1

Bild 7.17.: Normierter Gruppenfaktor realisiert durch die Rotman-Linse

7.5. Fazit

Die systemtheoretischen Überlegungen führen zu dem Ergebnis, dass sich das vorgeschlagene Systemkonzept nur für Entfernungen von unter 100 m eignet. Die Ausgangssignale des

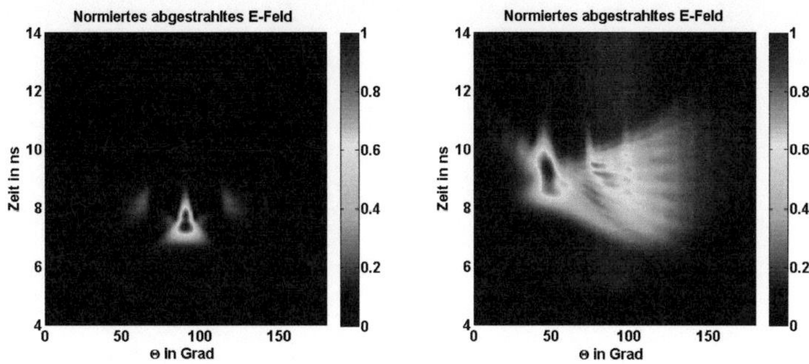

(a) Abgestrahltes E-Feld incl. Rotman-Linse 0°   (b) Abgestrahltes E-Feld incl. Rotman-Linse -45°

Bild 7.18.: Normiertes abestrahltes E-Feld im Zeitbereich (Anordnung der Antennen in der H-Ebene)

Systems sind im besten Fall 1,5 ns lang, was die Definition für UWB-HPEM-Impulse noch erfüllt (siehe Tabelle 2.2). Die Dispersion des Systems führt zu einem Verlust von Leistung bei höheren Frequenzen, jedoch zeigt eine Betrachtung des Spektrums, dass sich im Bereich zwischen 500 MHz und 3,5 GHz keine Nachteile hierdurch ergeben.

Ein realisitischer Ansatz für HPEM-System sollte die maximal mögliche Anzahl von Antennen, hier 7, nutzen, um die Fernfeldspannung zu maximieren. Ein Aufbau des HPEM-Antennenarrays in der E-Ebene zeigt bei Betrachtung des zeitlichen Verlaufs des E-Feldes Vorteile, da ein größerer Anteil der eingespeisten Leistung in der gewünschten Richtung abgestrahlt wird. Allerdings ist die Anordung in der H-Ebene platzsparender.

Die Impulsform wird durch das Schwenken mittels der Rotman-Linse und die sich verschlechternden transienten Eigenschaften der Antenne beim Schwenken deutlich verzerrt. In den Bildern ist ein Verschmieren der Impulse deutlich zu erkennen. Somit wird insbesondere bei extremen Schwenkwinkeln die verlangsamte Impulsanstiegszeit das transiente Eindringen in Elektronikkomponenten verschlechtern.

8. Zusammenfassung und Schlussfolgerungen

Die vorliegende Arbeit wird durch mehrere Entwicklungen der jüngeren Vergangenheit motiviert. Einerseits werden immer mehr drahtlose Serviceleistungen angeboten, so dass das elektromagnetische Spektrum kaum noch Nutzungslücken aufweist, welche die Mobilität und die Anwendungsvielfalt der Kommunikation erhöhen. Andererseits ist es zu neuartigen Bedrohungsszenarien für die Zivilgesellschaft gekommen, welche mit dem Begriff asymmetrische Bedrohungslage sehr gut beschrieben werden. So finden in den Krisenregionen der Erde zunehmend ferngezündete (z.B. über ein Mobiltelefon) und technisch eher einfache Sprengsätze Anwendung. Solch eine Bedrohungslage wird erst durch die Allverfügbarkeit von drahtloser Kommunikationshardware möglich. Somit entsteht ein Bedarf solche missbräuchlichen Anwendungen wirksam zu unterbinden, ohne dabei Abwehrmaßnahmen gegen Menschen zu richten. Ein Ansatzpunkt hierbei ist durch intensive elektromagnetische Strahlung die Geräte an der Kommunikation zu hindern oder die elektronischen Komponenten sogar zu neutralisieren. Problematisch ist, dass in der Regel die Frequenzen, mit denen gearbeitet wird, nicht vorher bekannt sind. Somit besteht die beste Möglichkeit das zu neutralisierende System zu treffen in der Abstrahlung eines sehr breitbandigen Leistungsdichtespektrums, d.h. die Verwendung von transienten Spannungspulsen ist ein Mittel der Wahl. Jedoch führt die Verwendung von Pulsen zu komplexeren Anforderungen an die Hardware: so müssen die Pulse verzerrungsarm über die Antennen an den Wirkort gelangen. Bisherige Systeme nutzen hierbei noch keine elektronische Strahlschwenkung, da konventionelle Phasenschieber meist nicht über die erforderlichen Bandbreiten verfügen. Gemäß IEC ist ein Frequenzbereich zwischen 200 MHz und 5 GHz am besten geeignet, Einfluss auf elektronische Systeme zu nehmen. Verfügbare Hochleistungspulser weisen Pulsformen auf, welche ihre maximale Leistungsdichte zwischen 500 MHz und 3 GHz konzentrieren. Um die Leistung richtungsgebündelt einzusetzen und ungewollte Strahlung in andere Raumrichtungen zu verhindern, ist ein richtungsbündelndes Speisenetzwerk mit nahezu konstanter Gruppenlaufzeit für alle Frequenzanteile notwendig. Hier setzt diese Arbeit an und entwirft exemplarisch ein HPEM-System, welches zwischen 450 MHz und 5 GHz arbeitet und auf phasengesteuerten Gruppenantennen und auf sog. *True Time Delay* beruht.

In Kapitel 2 wird eine Einführung in Hochleistungsimpulse gegeben und deren Auswirkungen auf Elektronik und Menschen dargestellt. Dann erfolgt eine Abhandlung über die Grundlagen von Antennengruppen, sowohl im Frequenz- als auch im Zeitbereich. Anschließend werden die verwendeten Gütekriterien für das Speisenetzwerk und die Antennen vorgestellt.

Da sich in der Literatur sehr viele unterschiedliche, z.T. nicht deckungsgleiche, Darstellungen zum Entwurf von Rotman-Linsen finden, wird in Kapitel 3 die gesamte analytische Design-Methodologie komplett dargestellt. Mit Hilfe dieser Designgleichungen lassen sich Rotman-Linsen schnell entwerfen und für andere Frequenzbereiche anpassen.

Mithilfe der in Kapitel 3 dargestellten Gleichungen wird in Kapitel 4 zunächst eine Rotman-Linse für den FCC-UWB-Bereich realisiert und komplett im Frequenz- und Zeitbereich charakterisiert. Diese dient außerdem als Testsystem vor dem Entwurf einer Linse für das konzipierte HPEM-System. Zusätzlich wird eine in der bisherigen Literatur nicht verfügbare Analyse der Aufteilung der eingespeisten Leistung innerhalb der Rotman-Linse durchgeführt. Numerische Simulationen und Messungen zeigen die Gültigkeit des in Kapitel 3 präsentierten analytischen Ansatzes.

Kapitel 5 beginnt anschließend mit der Betrachtung des HPEM-Systems, wobei zunächst die Antennen betrachtet werden. Hierbei erfolgt zunächst ein Überblick über mögliche Antennen, da die Verwendung transienter Pulse als Eingangssignal nur TEM oder Quasi-TEM Antennen zulässt. Es werden Vivaldi-Antennen im Frequenzbereich von 200 MHz bis 5 GHz simulativ und messtechnisch charakterisiert. In der öffentlich zugänglichen Literatur findet sich keine Abhandlung über Vivaldi-Antennen für diesen Frequenzbereich. Ein Prototyp wird präsentiert und dessen Messergebnisse finden später Verwendung in der Charakterisierung des Gesamtsystems.

Im Kapitel 6 wird eine Rotman-Linse für den Frequenzbereich von 200 MHz bis 5 GHz betrachtet. Zusätzlich findet eine theoretische Betrachtung der thermischen und Spannungs-Belastung statt, welche ergibt, dass die Rotman-Linse mit pulsförmigen Signalen bis in den Kilo-Volt Bereich belastet werden kann. Analytische Berechnungen ergeben Näherungen für die Erwärmung des Substrats. Die Realisierung des Protoypen unterlag Rahmenbedingungen, welche eine Realisierung erst ab einer unteren Grenzfrequenz von 450 MHz ermöglichen. Zum ersten Mal wird eine Rotman-Linse für diesen Frequenzbereich realisiert und vollständig charakterisiert. Die Verzerrungen der Eingangssignale durch die Rotman-Linse und die Verzerrungen durch das anschließende Antennenarray werden untersucht. Die Einbußen bei der Effizienz sind der extremen Breitbandigkeit dieser Art von *Beamformer* gegenübergestellt.

Die systemtheoretische Charakterisierung des Zusammenspiels aus Antennen, angeordnet in einer Gruppe, mit dem strahlschwenkenden Speisenetzwerk, der Rotman-Linse, wird in Kapitel 7 betrachtet. Darüber hinaus wird auf den Einfluss der Eingangsimpulsform eingegangen, wobei der gaußförmige Puls das Mittel der Wahl bleibt. Überlegungen zur Dispersion der Pulse innerhalb der Linse führen zu dem Ergebnis, dass die Dispersion zu einer Konzentration von Leistungsdichte innerhalb des relevanten Frequenzbereich von 500 MHz und 3 GHz führt. Es werden zwei Anordnungen der Antennengruppe untersucht mit dem Resultat, dass eine Anordnung in der E-Ebene zu besseren Ergebnissen im Zeitbereich führt.

Abschließend ist anzumerken, dass in dieser Arbeit erstmalig ein Systementwurf für ein HPEM-Antennenarray mit diskreter elektronischer Strahlschwenkung präsentiert wurde, welches ein rein passives Speisenetzwerk basierend auf *True Time Delay* verwendet. Es müssen einige Kompromisse bei der Realisierung eingegangen werden: so beträgt die Effizienz maximal 40% und die zeitliche Halbwertsbreite des Pulses liegt bei über 1,5 ns. Trotz dieser Einschränkungen erreicht das System bis in eine Entfernung von 500 m eine elektrische Feldstärke von 100 V/m.

Zu einer Rotman-Linse gibt es unter der Voraussetzung, dass ein passives Speisenetzwerk und Quellen mit hohen Spannungstransienten verwendet werden, in Sachen Breitbandigkeit und Zeitbereichverhalten derzeit keine Alternative.

Zusammenfassend wurden in dieser Dissertation folgende Punkte, zum Teil erstmalig, untersucht:

- Entwicklung eines analytischen Modells zum schnellen Design von Rotman-Linsen

- Charakterisierung von Rotman-Linsen im Zeitbereich bei transienten Eingangssignalen

- Untersuchung der Leistungsaufteilung innerhalb einer Rotman-Linse

- Realisierung einer Rotman-Linse im Frequenzbereich 450 MHz bis 5 GHz

- Realisierung einer Vivaldi-Antenne im Frequenzbereich 450 MHz bis 5 GHz

- Systemtheoretische Abschätzung der Funktionalität der Rotman-Linse in einem HPEM-System

Literaturverzeichnis

[AAO86]   K. S. Lee A. A. Oliner. The Nature of the Leakage from Higher Modes on Microstrip Lines. In *IEEE MTT-S Digest*, 1986.

[AC91]   F. Anderson and W. Christensen. Ultra-Wideband Beamforming in Sparse Arrays. In *IEE Proceedings on Microwaves, Antennas and Propagation*, volume 138, pages 342 – 346, 1991.

[Bal89]   C.A. Balanis. *Advanced Engineering Electromagnetics*. John Wiley & Sons, 1989.

[Bal97]   C. A. Balanis. *Antenna Theory, Analysis and Design*. John Wiley & Sons, Inc., 1997.

[Bau93]   C.E. Baum. *Impulse Radiating Antennas*. Ultra- Wideband, Short- Pulse Electromagnetics, 1993.

[BIS97]   Sechsundzwanzigste Verordnung zur Durchführung des Bundes-Immissionsschutzgesetzes, 1997.

[BL04]   M.G. Bäckström and K.G. Lövstrand. Susceptibility of Electronic Systems to High-Power Microwaves: Summary of Test Experience. *IEEE Transactions on Electromagnetic Compatibility*, 46:396 – 403, 2004.

[BRM06]   S. Bassan and J. Rashed-Mohassel. *A Chebyshev Tapered TEM Horn Antenna*. PIES Online, Vol. 2, No. 6, 2006.

[Bro01]   Bronstein. *Taschenbuch der Mathematik*. Verlag Harri Deutsch, 2001.

[Bro06]   E. Brookner. Phased Arrays and Radars - Past, Present and Future. *Microwave Journal*, 2006.

[BSS07]   J. Benford, J. A. Swegle, and E. Schamiloglu. *High Power Microwaves, Second Edition*. Taylor & Francis, 2007.

[BST02]   C. Braun, H. U. Schmidt, and A. Taenzer. Bedrohung moderner elektronischer Kommunikation durch Hochleistungs-Mikrowellen (HPM) - Ausfall-Schwellwerte von Mobil-Telefonen. In *10. Internationale Fachmesse und Kongress für Elektromagnetische Verträglichkeit*. VDE Verlag GmbH, 2002.

[CG04]   M. Camp and H. Gerth. Predicting the Breakdown Behavior of Microcontrollers under EMP/UWB Impact Using a Statistical Snalysis. *IEEE Transactions on Electromagnetic Compatibility*, 46:368–379, 2004.

[CG06]   M. Camp and H. Garbe. Susceptibility of Personal Computer Systems to Fast Transient Electromagnetic Pulses. *IEEE Transactions on Electromagnetic Compatibility*, 2006.

[CGN01]   M. Camp, H. Garbe, and D. Nitsch. UWB and EMP Susceptibility of Modern Electronics. In *IEEE International Symposium on Electromagnetic Compatibility*, pages 1015–1020, 2001.

[CGNS94]   J.L. Cruz, B. Gimeno, E.A. Navarro, and V. Such. The Phase Center Position of a Microstrip Horn Radiating in an Infinite Parallel-Plate Waveguide. *IEEE Transactions on Antennas and Propagation*, 1994.

[CM04]   D. Nitsch C. Mojert. UWB and EMP Susceptibility of Microprocessors and Networks. *Proceedings of 14th International Zürich Symposium EMC*, 2004.

[Col90]   Robert E. Collin. *Field Theory of Guided Waves*. Wiley-IEEE Press, 2 edition edition, 1990.

[CPC05]   Kyungho Chung, Sungho Pyun, and Jaehoon Choi. *Design of an Ultrawide-Band TEM Horn Antenna With a Microstrip- Type Balun*. IEEE Transactions on Antennas and Propagation, Vol. 53, No. 10, 2005.

[Dem93]   J.A. Demerest. *Photoconductive Semiconductor Switches for High Power Radiation*. Ultra- Wideband, Short- Pulse Electromagnetics, 1993.

[FB92]   G. Farr and C. E. Baum. A Simple Model of Small-Angle TEM Horns. In *Sensor and Simulation Notes*, 1992.

[FB98]   E.G. Farr and C.E. Baum. Time Domain Characterization of Antennas with TEM Feeds. In *Sensor and Simulation Notes*, 1998.

[FID09]   FID. GmbH, www.fidtechnology.com. 2009.

[Gag89]   D. Gagnon. Procedure for Correct Refocusing of the Rotman Lens According to Snell's Law. *IEEE Transactions on Antennas and Propagation*, pages 390–392, 1989.

[GBB00]   R. Garg, P. Bhartia, and I. Bahl. *Microstrip Antenna Design Handbook*. Artech House, 2000.

[Gir04]   D. V. Giri. *High-power Electromagnetic Radiators - Nonlethal Weapons and Other Applications*. Harvard College, 2004.

[GT04a]   D.V. Giri and F.M. Tesche. Classification of Intentional Electromagnetic Environments (IEME). *IEEE Transactions on Electromagnetic Compatability*, 46(3), 2004.

[GT04b]   D.V. Giri and F.M. Tesche. Classification of Intentional Electromagnetic Environments (IEME). *IEEE Transactions on Electromagnetic Compatibility*, 46 No. 3:322–328, 2004.

[GTB06]   D.V. Giri, F.M. Tesche, and C.E. Baum. An Overview of High-Power Electromagnetic (HPEM) Radiating and Conducting Systems. *Radio Science Bulletin No 318*, (318), 2006.

[GW98]   N. Geng and W. Wiesbeck. *Planungsmethoden für die mobile Funkkommunikation*. Springer Verlag, 1998.

[Han91]   R.C. Hansen. Design Trades for Rotman Lenses. *IEEE Transactions on Antennas and Propagation*, pages 464–472, 1991.

[Han98]   R.C. Hansen. *Phased Array Antennas*. John Wiley & Sons, Inc., 1998.

[Hea92]   E. Habiger and et. al. *Elektromagnetische Verträglichkeit*. Verlag Technik GmbH, 1992.

[HHA02]   L. Hall, H. Hansen, and D. Abbot. Rotman Lens for mm-Wavelengths. *Proceedings of SPIE Smart Structures, Devices, and Systems*, 2002.

[IEC04a]   IEC. 61000-1-5: General - High Power Electromagnetic (HPEM) Effects on Civil Systems. 2004.

[IEC04b]   IEC. Electromagnetic Compatibility (EMC) - General: High Power Electro Magnetic (HPEM) Effects on Civil Systems. Technical report, IEC, 2004.

[JB01]   K. Jaeheung and F. Barnes. Scaling and Focusing of the Rotman Lens. volume 2, pages 773–776, July 2001.

[Joh06]   R.C. Johnson. *Antenna Engineering Handbook*. Mc-Graw-Hill New York, 3rd edition, 2006.

[Kat84]   T. Katagi. An Improved Design Method of Rotman Lens Antennas. *IEEE Transactions on Antennas and Propagation*, pages 524–527, 1984.

[KCK02]   M. Koch, M. Camp, and R. Kebel. Aufbau flexibler Schirmhüllen aus leitfähigen textilen Komponenten. In *EMV 2002*, pages 75–82. VDE Verlag, 2002.

[Kel99]   M. Kelly. Developing a Transient Induced Latch-up Standard for Testing Integrated Circuits. *EOS/ESD Symposium*, 1999.

[KG79]   I.J. Bahl K.C. Gupta, Ramesh Garg. *Microstrip Lines and Slotlines*. Artech, 1979.

[KJ05]   U. Kienke and H. Jägel. *Signale und Systeme, 3. Auflage*. Oldenburg Verlag München Wien, 2005.

[KS06]   S. Kasturi and D. H. Schaubert. *Effect of Dielectric Permittivity on Infinite Arrays of Single-Polarized Vivaldi Antennas.* IEEE Antennas and Propagation Magazine, Vol. 54, No. 2, 2006.

[LHN99]   J.D.S. Langley, P.S. Hall, and P. Newham. *Balanced Antipodal Vivaldi Antenna for Wide Bandwidth Phased Arrays.* IEEE Transactions on Antennas and Propagation, Vol. 47, No.5, pages 879-886, 1999.

[LLRY07]   T.Y. Lin, S. C. Lee, Rotman R., and Green Y. Design and Analysis of Microstrip Line Rotman Lenses. pages 4425–4428, July 2007.

[LPBZ09]   A. Lambrecht, M. Pauli, S. Beer, and T. Zwick. Frequency Invariant Beam Steering for HPEM Anti-Electronics Systems with a Rotman-Lens. In *Proceedings of European Microwave Week 2009 Symposium*, CD-ROM, Sep. 2009.

[LPRZ09]   A. Lambrecht, M. Pauli, B. Ripka, and T. Zwick. A Vivaldi Antenna for Anti-electronics HPEM Systems. In *Proc. IEEE Antennas and Propagation Society International Symposium APSURSI '09*, pages 1–4, June 1–5, 2009.

[LS04]   R.T. Lee and G.S. Smith. *A Disign Study for the Basic TEM Horn Antenna.* IEEE Antennas and Propagation Magazine, Vol. 46, No. 1, 2004.

[Lyo97]   R.G. Lyons. *Understanding Digital Signal Processing.* Addison Wesley Pub. Co., 1997.

[LZW+08a] A. Lambrecht, T. Zwick, W. Wiesbeck, J. Schmitz, and M. Jung. Realization of UWB-beamforming with a Rotman-Lens at Low UHF Frequencies. In *Proceedings of EUROEM 2008 Symposium*, CD-ROM, Jul. 2008. 2008.07.21.

[LZW+08b] A. Lambrecht, T. Zwick, W. Wiesbeck, J. Schmitz, and M. Jung. Rotman-Lens as a True-Time-Delay Beamformer at Low UHF Frequencies. In *Proc. IEEE Antennas and Propagation Society International Symposium APSURSI '08*, CD-ROM, Jul. 2008. 2008.07.07.

[Mai94]   R.J. Mailloux. *Phased Array Antenna Handbook.* Artech House, 1994.

[MAT08]   Mathworks Matlab 7.6.0 (R2008a), 2008.

[MCS05]   M.J. Maybell, K.K. Chan, and P.S. Simon. Rotman Lens Recent Developments 1994 - 2005. volume 2B, pages 27–30, July 2005.

[MG86]   H. Meinke and F. Gundlach. *Taschenbuch der Hochfrequenztechnik - Band 2.* Springer Verlag, 1986.

[Mül05]   D. Müller. *Entwicklung einer impulsabstrahlenden Antenne mit hoher Spannungsfestigkeit.* Studienarbeit am Institut für Höchstfrequenztechnik und Elektronik, Universität Karlsruhe (TH), 2005.

[MMJRT96] A. J. McPhee, S. J. MacGregor, and J. R. Jolyon R Tidmarsh. The Repetitive Breakdown and Flashover Properties of Solid Dielectric Materials under DC & Pulsed Conditions. In *IEEE Power Modulator Symposium*, CD-ROM, 1996.

[MS89] L. Musa and M.S. Smith. Microstrip Port Design and Sidewall Absorption for Printed Rotman Lenses. *IEE Proceedings on Microwaves, Antennas and Propagation*, pages 53–58, 1989.

[NC04] D. Nitsch and M. Camp. Susceptibility of Some Electronic Equipment to HPEM Threats. *IEEE Transactions on Electromagnetic Compatibility*, 46:380–389, 2004.

[OBBO06] T.A. Osswald, E. Baur, S. Brinkmann, and K. Oberbach. *International Plastics Handbook*. Hanser, 2006.

[PBT04] W.D. Prather, C.E. Baum, and R.J. Torres. Survey of Worldwide High-Power Wide-band Capabilities. *IEEE Transactions on Electromagnetic Compatability*, 46(3), 2004.

[PR99] A.F. Peterson and E.O. Rausch. Scattering Matrix Integral Equation Analysis for the Design of a Waveguide Rotman Lens. *IEEE Transactions on Antennas and Propagation*, 1999.

[Rad04] W. A. Radasky. Introduction to the Special Issue on High-Power Electromagnetics (HPEM) and Intentional Electromagnetic Interference (IEMI). *IEEE Transactions on Electromagnetic Compatibility*, 46:314 – 321, 2004.

[RG02] P. Reise and H. Garbe. Messverfahren zur Wartung von geschirmten Gehäusen. In *EMV2002*, pages 63–92. VDE Verlag, 2002.

[Ros09] Rosenberger. Datenblatt N-Stecker, http://www.rosenberger.de, 2009.

[Rot63] W. Rotman. Wide-Angle Microwave Lens for Line Source Applications. *IEEE Transactions on Antennas and Propagation*, pages 623–632, 1963.

[RP05] E.O. Rausch and A.F. Peterson. Rotman Lens Design Issues. *Antennas and Propagation Society International Symposium, 2005 IEEE*, 2005.

[RPW97] E.O. Rausch, A.F. Peterson, and W. Wiebach. Electronically Scanned Millimeter Wave Antenna Using a Rotman Lens. *Radar 97 (Conf. Publ. No. 449)*, 1997.

[Ruz50] J. Ruze. Wide-Angle Metal-Plate Optics. *Proceedings of the I.R.E.*, pages 53–59, 1950.

[Sab09] F. Sabath. HPEM Susceptibility Test on IT-Networks and their Components. *IEEE Transactions on Electromagnetic Compatability*, 2009.

[SBNea04] F. Sabath, M. Bäckström, B. Nordström, and et. al. Overview of four european high-power microwave narrow-band test facilities. *IEEE Transactions on Electromagnetic Compatability*, 46(3), 2004.

[SF83] M.S. Smith and A.K.S. Fong. Amplitude Performance of Ruze and Rotman Lenses. *The Radio and Electronic Engineer*, pages 329–336, 1983.

[She78] J. Shelton. Focusing Characteristics of Symmetrically Configured Bootlace Lenses. *IEEE Transactions on Antennas and Propagation*, 1978.

[Sim04] P. Simon. Analysis and Synthesis of Rotman Lenses. *22nd AIAA International Communications Satellite Systems Conference and Exhibit 2004*, 2004.

[Sin98] P.K. Singhal. Recent Trends in Design and Analysis of Rotman-Type Lens for Multiple Beamforming. *International Journal of RF and Microwave Computer-Aided Engineering*, 1998.

[Sin01] J.K. Singhal. An Overview of Design and Analysis Techniques of Rotman Type Multiple Beam Forming Lens and Some Performance Results. *IE (I) Journal-ET*, pages 52–58, 2001.

[Sin04] J.K. Singhal. Theoretical Investigations on Elliptical Refocusing of Rotman-Type Lens for Multiple Beamforming. *Journal of Microwaves and Optoelectronics*, pages 111–128, 2004.

[Sko90] M. Skolnik. *Radar Handbook*. Mc Graw Hill, 1990.

[SM06] L. Schulwitz and A. Mortazawi. A New Low Loss Rotman Lens Design for Multi-beam Phased Arrays. pages 445–448, June 2006.

[Smi82] M.S. Smith. Design Considerations for Ruze and Rotman Lenses. *The Radio and Electronic Engineer*, pages 181–187, 1982.

[Sör07] W. Sörgel. *Charakterisierung von Antennen für die Ultra-Wideband-Technik.* PhD thesis, Universität Karlsruhe (TH), 2007.

[SS99] J. Shin and H. Schaubert. *A Parameter Study of Stripline- Fed Vivaldi Notch-Antenna Arrays.* IEEE Transactions on Antennas and Propagation, Vol. 47, No.5, pages 879-886, 1999.

[SSG03] P. K. Singhal, P. C. Sharma, and R. D. Gupta. Rotman Lens With Equal Height of Array and Feed Contours. *IEEE Transactions on Antennas and Propagation*, 51:2048–2056, August 2003.

[SW05] W. Sörgel and W. Wiesbeck. Influence of the Antennas on the Ultra-Wideband Transmission. *EURASIP Journal on Applied Signal Processing*, pages 296–305, 2005.

[Thu07]   M. Thumm. *Hoch- und Höchstfrequenz- Halbleiterschaltungen, Skriptum zur Vorlesung.* Institut für Hochfrequenztechnik und Elektronik, Universität Karlsruhe (TH), 2007.

[TS02]   U. Tietze and C. Schenk. *Halbleiter-Schaltungstechnik.* Springer Verlag, 12. auflage edition, 2002.

[TTW89]   V.K. Tripp, J.E. Tehan, and C.W. White. Characterization of the Dispersion of a Rotman Lens. *Antennas and Propagation Society International Symposium, 1989. AP-S. Digest,* 1989.

[Wad91]   B.C. Wadell. *Transmission Line Design Handbook.* Artech House, 1991.

[Wat03]   R.B. Waterhouse. *Microstrip Patch Antennas: A Designer's Guide.* Waterhouse, 2003.

[WD06]   S. Weiss and R. Dahlstrom. Rotman Lens Development at the Army Research Lab. March 2006.

[WHL03]   T. Weber, T Haseborg, and J. Luiken. Device for the Detection of Electromagnetic Pulses Having Short Rise Times and High Voltage Amplitudes, 2003.

[Wil85]   J. Wilhelm. *Nuklear- elektro- magnetischer- Puls (NEMP), Entstehung, Schutzmaßnahmen, Meßtechnik.* expert verlag., 1985.

[WKN07]   J.G. Worms, P. Knott, and D. Nuessler. The Experimental System PALES: Signal Seperation with Multibeam-System Based on Rotman-Lens. *IEEE Antennas and Propagation Magazine,* 49(3):95–107, 2007.

[YFW03]   M. Younis, C. Fischer, and W. Wiesbeck. Digital Beamforming in SAR Systems. *IEEE Transactions on Geoscience and Remote Sensing,* 41(7):1735–1739, July 2003.

[You04]   M. Younis. *Digital Beam-Forming for high Resolution Wide Swath Real and Synthetic Aperture Radar.* Dissertation, Forschungsberichte aus dem Institut für Höchstfrequenztechnik und Elektronik der Universität Karlsruhe (TH), 2004.

[ziv06]   *Zivilschutzforschung: Dritter Gefahrenbericht der Schutzkommission beim Bundeminister des Inneren.* Bundesamt für Bevölkerungsschutz und Katastrophenhilfe, 2006.

[Zwi09]   T. Zwick. *Antennen und Antennensysteme, Skriptum zur Vorlesung.* Institut für Hochfrequenztechnik und Elektronik, Universität Karlsruhe (TH), 2009.

A. Anhang

A.1. *Zeropadding* im Frequenzbereich

Zeropadding dient dazu die Abtastrate im transformierten Bereich (Zeit- oder Frequenz) erhöhen kann. So kann z.B. mit einem Zero-padding im Zeitbereich eine erhöhte Abtastrate im Frequenzbereich erzielt werden. Man erhöht dadurch jedoch nicht die Auflösung, sondern es handelt sich dabei um eine Interpolation im Zeit- bzw. Frequenzbereich. Der bekannteste Anwendungsfall ist das Zero-padding im Zeitbereich. Dort fügt man im Anschluss an eine Zeitreihe eine gewisse Anzahl Nullen an. Die verlängerte Zeitdauer erhöht dann scheinbar die Frequenzauflösung [KJ05].

Weit weniger bekannt ist das Zeropadding im Frequenzbereich [Lyo97]. Als Ausgangssituation besitzt man dort ein Spektrum mit der Maximalfrequenz f_{max}. Die Auflösung im Zeitbereich ergibt sich dann zu $1/f_{max}$ (Bild A.1 oben). f_{max} ist somit die Abtastfrequenz des Systems im Zeitbereich. Die höchste Frequenz die korrekt in den Zeitbereich transformiert wird ist die Nyquistfrequenz $f_{max}/2$. Fügt man nun ab der Nyquistfrequenz Nullen ein macht man keinen Fehler in der Darstellung des Spektrums (Bild A.1 mitte). Hiermit ist eine Interpolation im Zeitbereich möglich und die Maximas- und Minimas werden deutlicher. Die Frequenzauflösung erhöht sich dabei allerdings nicht. Das ist in Bild A.1 unten zu sehen, wo das Spektrum bis 2 GHz bekannt ist. Man sieht dass man im Zeitbereich nun eine wesentlich schärfere Auflösung erhätlt und die sinc-Funktion nun sehr deutlich zu sehen ist.

A.2. Definition der Antennenübertragungsfunktion [FB98], [SW05]

Hier wird der Empfangsfall betrachtet unter der Voraussetzung dass eine ebene Welle aus der Richung ψ,θ mit einer Polarisation der Feldstärke E_i auf eine Antenne trifft (Bild A.2):

$$
\begin{aligned}
U_{rx}(\omega,\theta,\psi) &= \tau_{rx} \cdot H_{rx}(\omega,\theta,\psi) \cdot E_i(\omega,\theta,\psi) \\
u_{rx}(t) &= \tau_{rx} \cdot h_{rx}(t) \star e_i(t)
\end{aligned}
$$

Sendefall:

$$
\begin{aligned}
E_{tx}(\omega,\theta,\psi,r) &= \frac{\tau_{tx}}{f_{g,tx}} \cdot \frac{1}{r} e^{-j\omega\frac{r}{c_0}} j\omega\, H_{tx}(\omega,\theta,\psi) \cdot U_{tx}(\omega) \\
\vec{e}_{tx}(t,\theta,\psi,r) &= \frac{\tau_{tx}}{f_{g,tx}} \cdot \frac{1}{r}\delta\left(t-\frac{r}{c_0}\right) \star \frac{1}{2\pi c_0}\frac{\partial}{\partial t}h_{tx}(t,\theta,\psi) \star u_{tx}(t)
\end{aligned}
$$

Wobei:

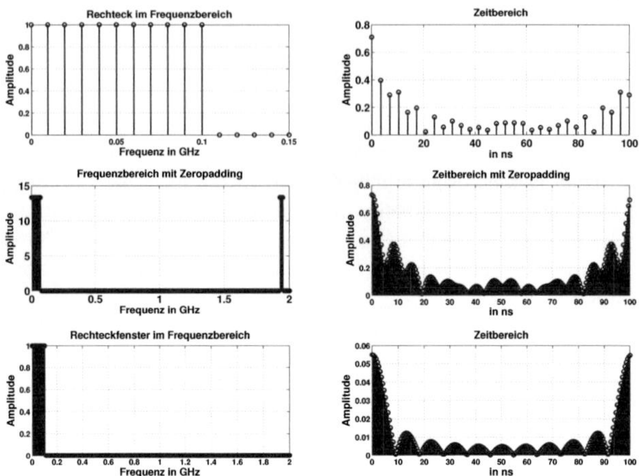

Bild A.1.: Zeropadding im Frequenzbereich mit T = 10μs

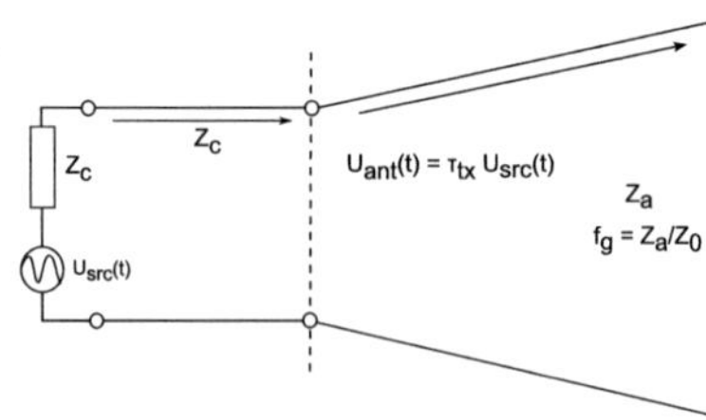

Bild A.2.: Schematische Darstellung einer Antenne [FB98]

$$f_{g,tx} = \frac{\text{Eingangsimpedanz der Antenne}}{377\Omega} = \frac{Z_a}{Z_{F0}}$$

$$\tau_{tx} = \frac{2Z_a}{Z_a + Z_c}$$

Damit gilt: $U_{ant} = \tau_{tx}U_{src}$. τ_{tx} ist also der Transmissionskoeffizient zwischen Antenne und Zuleitung.

Aufgrund des Reziprozitätstheorems (Gl. A.1 und A.2) ist es ausreichend eine Übertragungsfunktion zu bestimmen:

$$\overrightarrow{H_{tx}}(\omega,\theta,\psi) = \frac{1}{2\pi c_0} j\omega H_{rx}(\omega,\theta,\psi) \tag{A.1}$$

$$\overrightarrow{h_{tx}}(t,\theta,\psi) = \frac{1}{2\pi c_0} \frac{\partial}{\partial t} h_{rx}(t,\theta,\psi) \tag{A.2}$$

Um die Übertragungsfunktion unabhängig von der frequenzabhängigkeit der Eingangsimpedanz der Antenne und damit von S_{11}, sowie unabhängig von der Leitungsimpedanz zu machen, normiert man die Feldstärken bzw. Spannungen an jedem Punkt auf seine lokale Impedanz. Damit ergibt sich:

$$\frac{e_{tx}(t)}{\sqrt{Z_0}} = \frac{1}{2\pi r c_0} \cdot \delta\left(t - \frac{r}{c_0}\right) * \underbrace{\left[\sqrt{\frac{Z_c}{Z_{a,tx}}}\tau_{tx}\right]}_{\tau_{p,tx}} \frac{h_{tx}(t)}{\sqrt{f_{g,tx}}} * \frac{1}{\sqrt{Z_c}}\frac{\partial u_{src}(t)}{\partial t}$$

Neben der Einführung eines neuen Transmissionskoeffizienten $\tau_{p,tx}$ wird ebenfalls noch eine neue (normalisierte) Impulsantwort eingeführt:

$$h_{norm,tx}(t) = \frac{\tau_{p,tx}}{\sqrt{f_{g,tx}}} h_{tx}(t) \tag{A.3}$$

Nimmt man weiterhin an, dass $\tau_p = 1$ (idealer Balun), wird der Ausdruck für das gesendete elektrische Feld zu:

$$\frac{\overrightarrow{e_{tx}}(t,r,\theta,\Psi)}{\sqrt{Z_{F0}}} = \frac{1}{2\pi c_0 r} \cdot \delta\left(t - \frac{r}{c_0}\right) * h_n(t,\theta,\Psi) * \frac{\partial}{\partial t}\frac{u_{src}(t)}{\sqrt{Z_c}} \tag{A.4}$$

$$= \frac{1}{2\pi c_0 r} \cdot h_{norm,tx}(t,\theta,\Psi) * \frac{\partial}{\partial t}\frac{u_{src}(t)}{\sqrt{Z_c}} \tag{A.5}$$

Vereinfachung: Multiplikation mit Integral von Impuls anstatt Faltung mit Impulsantwort. (Bei Faltungen mit Impulsähnlichen Funktionen)

Der Empfangsfall wird zu:

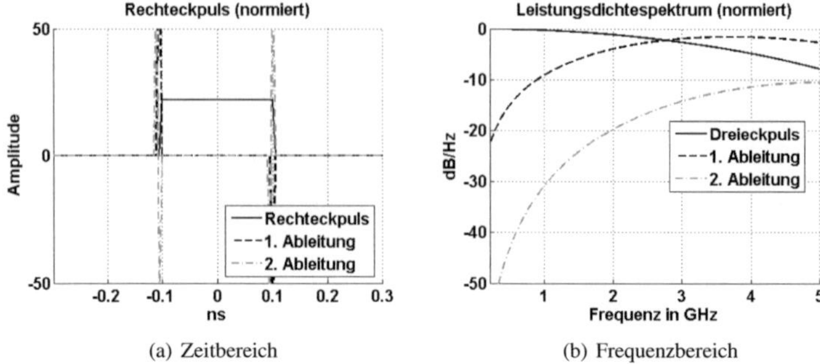

(a) Zeitbereich (b) Frequenzbereich

Bild A.3.: Rechteckpuls

$$\frac{U_{\mathrm{rx}}(\omega,\theta,\psi)}{\sqrt{Z_{\mathrm{c}}}} = H_{\mathrm{norm,tx}}(\omega,\theta,\psi) \cdot \frac{E(\omega,\theta,\psi)}{\sqrt{Z_{\mathrm{F0}}}}$$

$$\frac{u_{\mathrm{rx}}(t)}{\sqrt{Z_{\mathrm{C}}}} = h_{\mathrm{norm,tx}}(t,\theta,\psi) * \frac{e(t,\theta,\psi)}{\sqrt{Z_{\mathrm{F0}}}}$$

H und h werden auch als die effektive Höhe der Antenne bezeichnet und sind wie Antennenwirkfläche ein Maß dafür wieviel Energie die Antenne dem einfallenden Feld entnimmt.

Da der Transmissionskoeffizient aus der normalisierten Formel herausfällt, ist dieser (bzw. die Anpassung der Antenne) nicht mehr zu berücksichtigen.

In A.5 lässt sich erkennen, dass Sendeantennen das Eingangssignal zeitlich ableiten.

A.3. Spektren verschiedener Pulsformen

Die Bilder A.3 bis A.8 zeigen die Ergebnisse der Untersuchung der Spektren verschiedener Pulsformen und deren Ableitungen. Das Zeitsignal wurde auf die Leistung=$1\frac{V^2}{\Omega}$ normiert, das Spektrum wurde auf das Maximum der drei Leistungsdichtespektren normiert. Aufgrund der auftretenden Dirac-Stöße in der zweiten Ableitung sind bis auf den Gausspuls die meisten Pulsformen ungeeignet. Aufgrund seiner Eigenschaft, dass der Gausspuls das minimale Zeitdauer-Bandbreite-Produkt aller möglichen Pulse besitzt, ist dieser ideal für die Erzeugung von ultrabreitbandigen Signalen geeignet. Für eine bestimmte Zeitdauer besitzt dieser Puls also die minimale Bandbreite, was bedeutet, dass dieser die Energie am besten auf ein bestimmtes Frequenzband konzentriert.

Der Doppelexponentialpuls wird mit folgender Formel erzeugt:

$$f(t) = E_0 \cdot \left(e^{-\beta \cdot t} - e^{-\alpha \cdot t}\right)$$

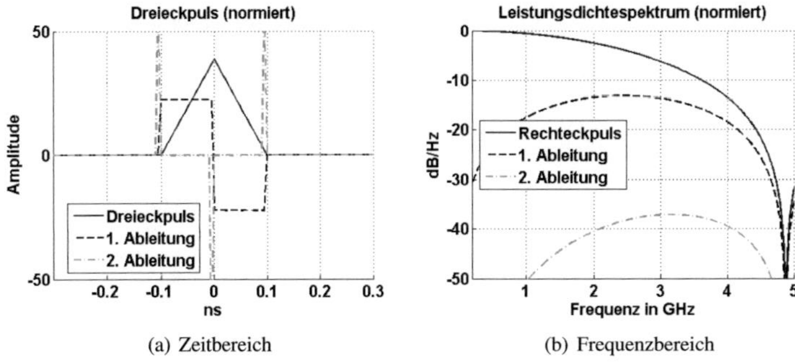

(a) Zeitbereich   (b) Frequenzbereich

Bild A.4.: Dreieckpuls

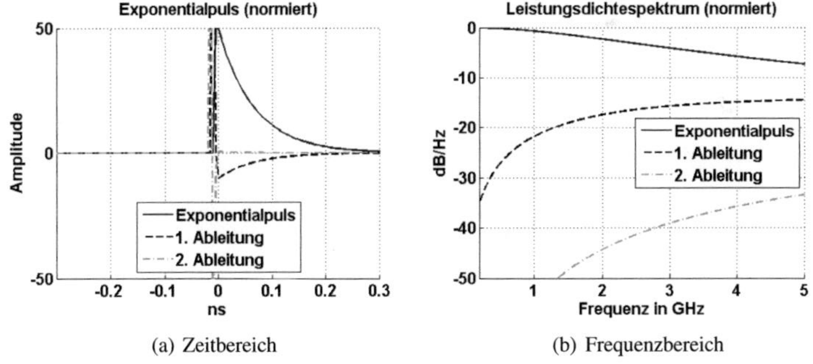

(a) Zeitbereich   (b) Frequenzbereich

Bild A.5.: Exponentialpuls

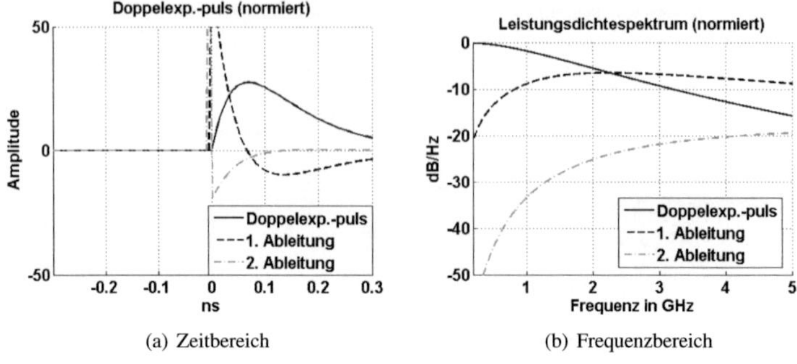

(a) Zeitbereich (b) Frequenzbereich

Bild A.6.: Doppelexponentialpuls

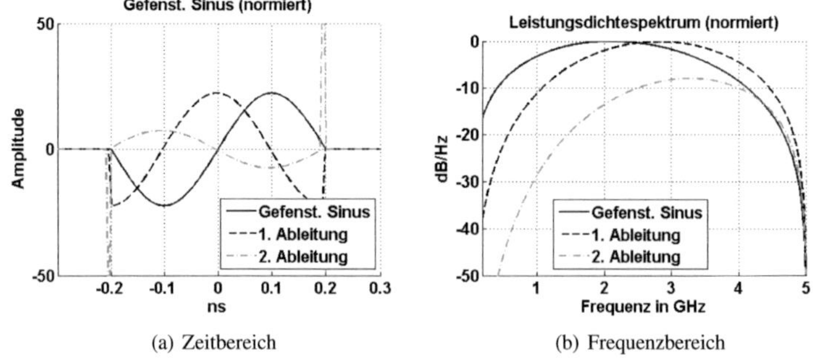

(a) Zeitbereich (b) Frequenzbereich

Bild A.7.: Gefensterter Sinus

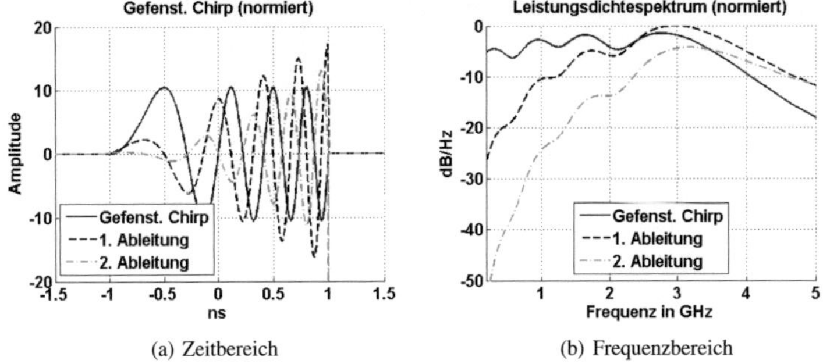

(a) Zeitbereich   (b) Frequenzbereich

Bild A.8.: Gefensterter Chirp

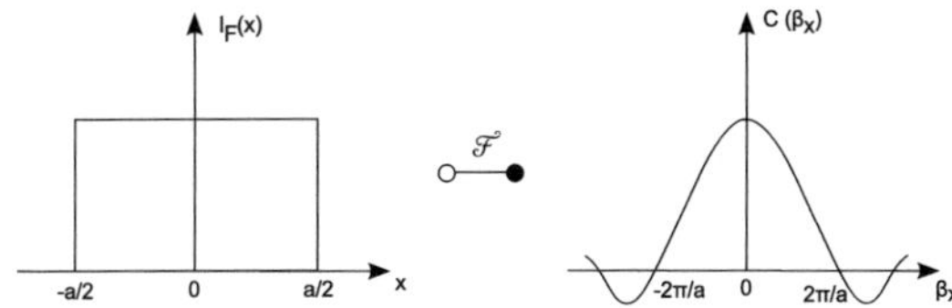

Bild A.9.: Zusammenhang zwischen Strombelegungsfunktion und Richtcharakteristik

A.4. Berechnung der spektralen Leistungsdichte [MAT08]

Für die Berechnung der spektralen Leistungsdichte werden zuerst die Amplituden des Zeitsignals x_l diskret fouriertransformiert, anschließend quadriert und durch die Anzahl der Stützstellen geteilt. Damit erhält man die mittlere Leistung des Signals über der Frequenz. Wird das Signal noch durch ein Fenster gewichtet, so wird das durch w_l berücksichtigt. Anschließend wird die mittlere Leistung des Signals durch die Bandbreite des Signals geteilt, um die spektrale Leistungsdichte zu erhalten.

$$S(e^{j\omega}) = \frac{\frac{1}{n}\left|\sum_{l=1}^{n} a_l x_l e^{-j\omega l}\right|^2}{\frac{1}{n}\sum_{l=1}^{n}|a_l|^2} \cdot \frac{1}{B} \tag{A.6}$$

A.5. Entstehung von *Grating Lobes* [Zwi09]

Wird die räumliche Strombelegungsfunktion auf einer Antenne fouriertransformiert, erhält man den Richtungsfaktor der Antenne über der räumlichen Frequenz (Wellenzahl), oder über einen der Winkel (Gl. A.7). Hat man ein Antennenarray vorliegen, so muss man diesen Richtungsfaktor noch mit dem Gruppenfaktor des Arrays multiplizieren. Wurde bei einer Antenne die Strombelegung der Antenne fouriertransformiert, so wird das nun mit der Strombelegung des Arrays gemacht.

$$C(\theta,\psi) = \int_{-\infty}^{\infty} J_{\mathrm{F}}(x)\, e^{j\beta_0 x \cos\psi \sin\theta} \mathrm{d}x \tag{A.7}$$

Da zwischen den einzelnen Antennen des Arrays ein Abstand existiert, ist die Strombelegung des Arrays nicht kontinuierlich, sondern diskret. D.h. die Strombelegung ist mit einer bestimmten räumlichen Frequenz abgetastet. Wird die abgetastete Stromverteilung fouriertransformiert, wiederholt sich das Spektrum über der Wellenzahl mit dem Reziproken des Elementabstandes. Ist der Elementabstand nicht klein genug, d.h. es findet eine Unterabtastung der Apertur statt, kommt es zu räumlichen Aliasing und es treten Hauptnebenmaxima (*Grating Lobes*) auf.

A.6. Mikrostreifenleitungen [KG79], [Thu07]

A.7. Maximale Leistungsübertragung über Mikrostreifenleitungen

P_{avg} ist die maximale Dauerleistung, welche über eine Mikrostreifenleitung übertragen werden darf, damit diese nicht heisser als 100° wird.

$$P_{\mathrm{avg}} = \frac{(T_{\mathrm{max}} - T_{\mathrm{umgebung}})}{\triangle T}$$

Wobei $\triangle T$ den Temperaturanstieg in °C/W angibt. P_{avg} ist die maximale Dauerleistung, die auf die Mikrostreifenleitung gegeben werden darf. Der Temperaturanstieg berechnet sich mit folgender Formel:

$$\triangle T = \frac{0{,}02303 \cdot h}{K} \left(\frac{\alpha_{\mathrm{c}}}{W_{\mathrm{e}}} + \frac{\alpha_{\mathrm{d}}}{2W_{\mathrm{eff}}(f)} \right) \text{ in °C/Watt}$$

Die Temperaturanstieg nimmt mit der Frequenz zu. K ist die thermische Leitfähigkeit in W/m/°C. W_{e} und W_{eff} sind die äquivalente elektrische Breite im Modell für Bandleitungen (4.4) beziehungsweise die effektive Breite für Substratverluste der Mikrostreifenleitung. W_{e} wird hierbei für die thermische Modellierung der Leitungsverluste und W_{eff} für die thermische Modellierung der Substratverluste verwendet, damit eine homogene Wärmeentwicklung im Substrat angenommen werden kann. W_{e} und W_{eff} sind folgendermaßen definiert:

$$W_{\mathrm{eff}}(f) = W + \frac{W_{\mathrm{eff}}(0) - W}{1 + (f/f_p)^2}$$

wobei

$$f_p = \frac{Z_{\mathrm{om}}}{2\mu_0 h}$$

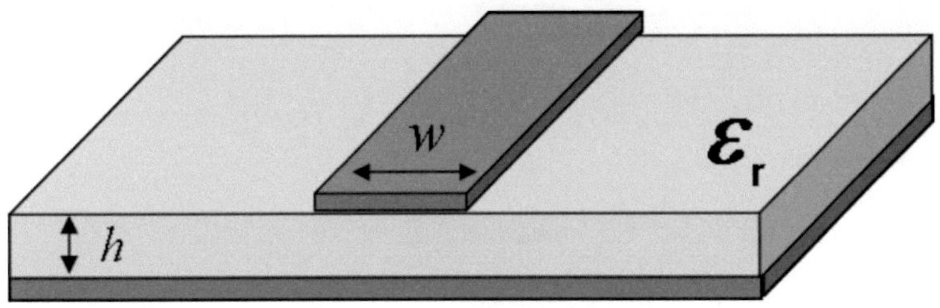

Bild A.10.: Mikrostreifenleitung

W_e ist äquvalent zur effektiven elektrischen Breite:

$$W_e = \frac{120\pi h}{Z'_{om}\sqrt{\epsilon'_{re}}}$$

Es gilt ausserdem:

$$W_{eff}(0) = W_e$$

Die Verlustfaktoren α_c und α_d für die Leiter- und Substratverluste werden folgendermaßen berechnet:

$$\alpha_{c,dB} = 1{,}38 \cdot A \frac{R_s}{hZ_{om}} \frac{32 - (W_e h)^2}{32 + (W_e h)^2} \text{ für } W/h \leq 1$$

$$\alpha_{d,dB} = 4{,}34 \cdot 120\pi \cdot \sigma \frac{\epsilon_{re} - 1}{\sqrt{\epsilon_{re}}(\epsilon_r - 1)}$$

Wobei ρ_S der spezifische Widerstand des Leiters und σ die Leitfähigkeit des Dielektrikums ist:

$$A = 1 + \frac{h}{W_e}\left(1 + \frac{1{,}25}{\pi}\ln\left(\frac{2h}{t}\right)\right)$$
$$R_S = \sqrt{\pi f \mu_0 / \rho_c}$$
$$\sigma = \omega\epsilon_0\epsilon_r \tan\delta$$

A.8. Dämpfung einer Mikrostreifenleitung [Thu07]

Leiterdämpfung:
Formeln aus [Thu07]:

$$\alpha_{\mathrm{p}} = \alpha_{\mathrm{p}}^* \cdot \left(\frac{\sqrt{\epsilon_{\mathrm{r,eff}} \cdot f/\mathrm{GHz}}}{h/\mathrm{mm}} \right) \cdot \sqrt{\frac{\rho/\Omega\mathrm{cm}}{1{,}72 \cdot 10^{-6}}}$$

Für Kupfer gilt:

$$\rho/\mu\mathrm{m} = \frac{2{,}1}{\sqrt{f/\mathrm{GHz}}}$$

α_p^* wird aus Tabelle in [Thu07] entnommen:

$$\alpha_{\mathrm{p}}^*(w/h \;\to\; \infty) = 0{,}0018\,\mathrm{dB/cm}$$
$$\alpha_{\mathrm{p}}^*(w/h \;=\; 1) = 0{,}0034\,\mathrm{dB/cm}$$

Spezifischer Widerstand von Kupfer:

$$\rho_{\mathrm{Ku}} = 1{,}72 \cdot 10^{-6}\,\Omega\mathrm{cm}$$

Oberflächenrauhigkeit kann bis zu einer Verdopplung der Dämpfung führen.
Substratdämpfung:

$$\tan \delta = 0{,}0023$$

$$\alpha_{\epsilon} = \alpha_{\epsilon}^* \cdot f \cdot 1000 \cdot \tan \delta \cdot l$$

l ist die Leitungslänge.
α_ϵ^* wird aus Tabelle in [Thu07] entnommen:

$$\alpha_{\epsilon}^*(w/h \;\to\; \infty) = 0{,}0018\,\mathrm{dB/cm}$$
$$\alpha_{\epsilon}^*(w/h \;=\; 1) = 0{,}0023\,\mathrm{dB/cm}$$

A.9. Berechnung des normierten elektrischen Feldes im Zeitbereich

Vorgehensweise:

1) Platzieren von genügend E-Feld probes in der richtigen Polarisation um die Antenne herum.

2) Mit diesen Ergebnissen kann der Impuls im Zeitbereich über dem Winkel aufgetragen werden. Im Zeitbereich und beim Winkel wurde nochmal interpoliert, um die korrekte Anzahl an Stützstellen zu erhalten.

3) Der Gruppenfaktor der Rotman-Linse liegt bereits im Zeitbereich mit korrekter Anzahl an Stützstellen und Zeitdauer vor.

4) Faltung des E-Feldes im Zeitbereich mit dem Gruppenfaktor im Zeitbereich

5) Normierung des E-Feldes im Zeitbereich

A.10. Entfaltung

In der folgenden Gleichung ist die Entfaltung für ein rauschfreies Signal dargestellt: (g ist Impulsantwort, f ist Ausgangs- und h ist Eingangssignal)

$$f = g * h \quad \xrightarrow{\mathcal{F}} \quad F = G \cdot H$$

$$G = \frac{F}{H}$$

Hierbei treten zwei Probleme auf: H kann Nullstellen enthalten und additives Rauschen.

$$f = g * h + n \quad \xrightarrow{\mathcal{F}} \quad F = G \cdot H + N$$

$$G = \frac{F}{H} - \frac{N}{H}$$

Bei kleinem H wird das additive Rauschen durch die Entfaltung verstärkt.

A.11. Weitere S-Parameter der UWB-Linse

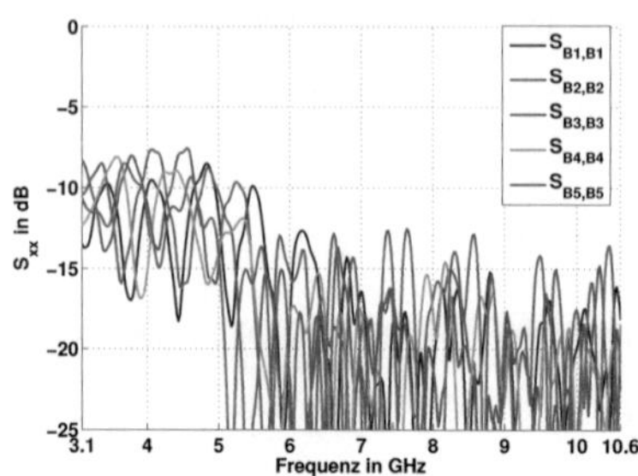

Bild A.11.: Reflexionsfaktoren der *Beam Ports*

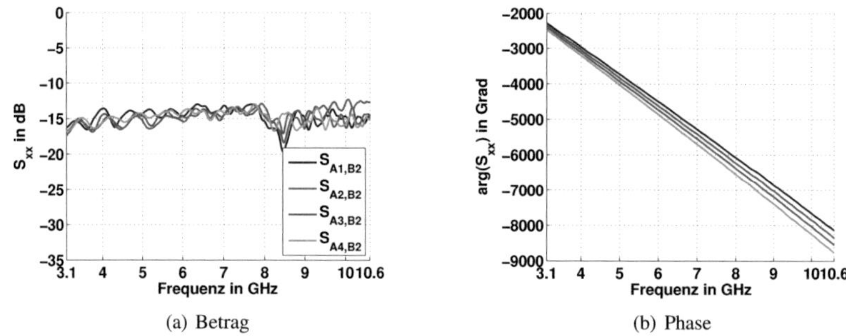

(a) Betrag

(b) Phase

Bild A.12.: Transmission von *Beam Port* 2 zu den 4 Antennenanschlüssen

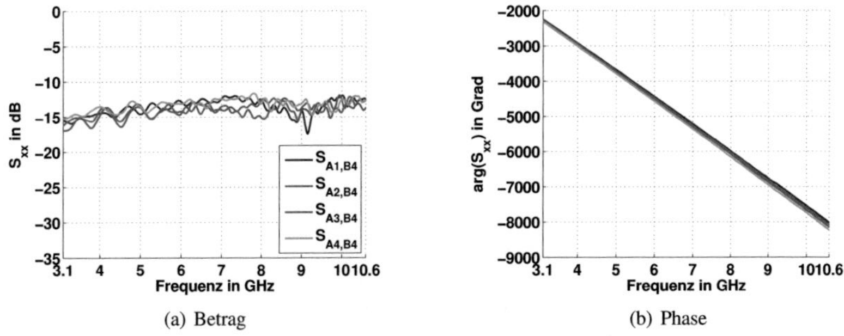

(a) Betrag

(b) Phase

Bild A.13.: Transmission von *Beam Port* 4 zu den 4 Antennenanschlüssen

A.12. Zeitbereichmessung der UWB Rotman-Linse

Die UWB-Messung ist auf die Eingangspulse getriggert.

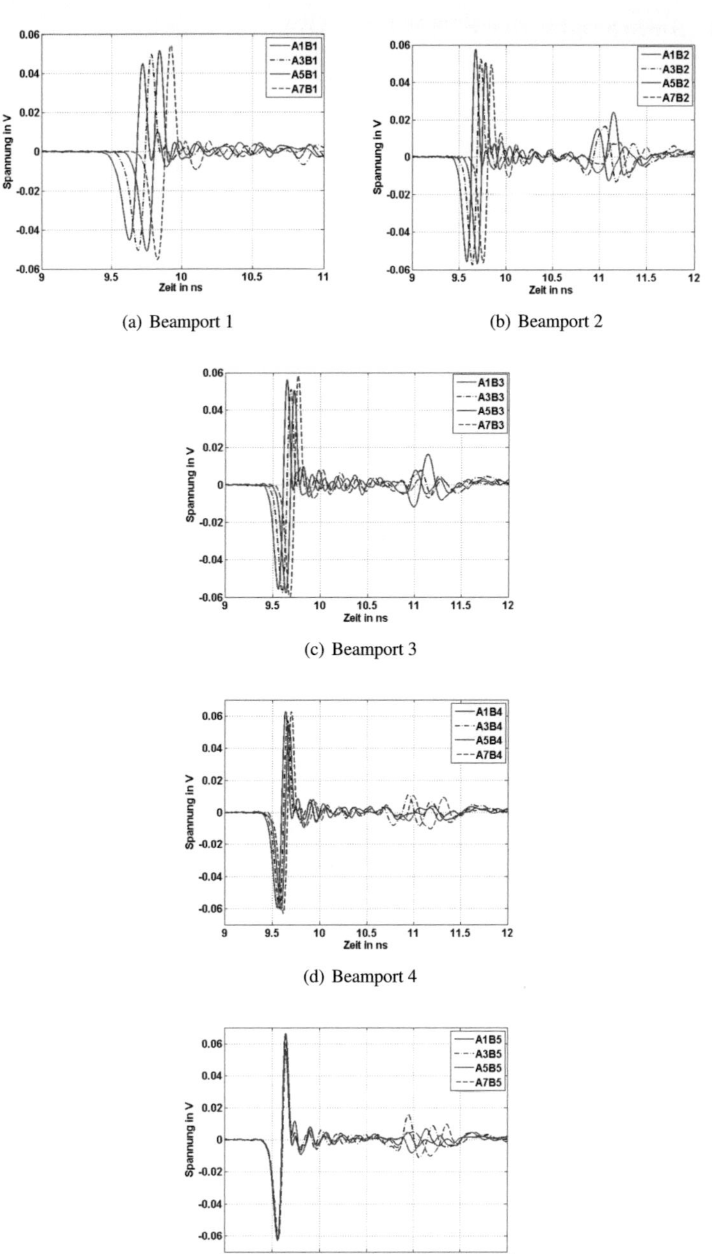

Bild A.14.: Zeitbereichsmessung der UWB Rotman-Linse

A.13. S-Parameter der HPEM Rotman Linse (Simulation)

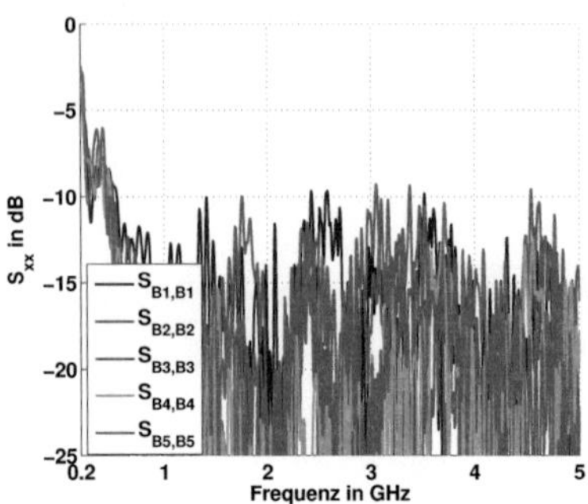

Bild A.15.: Reflexionsfaktoren der *Beam Ports*

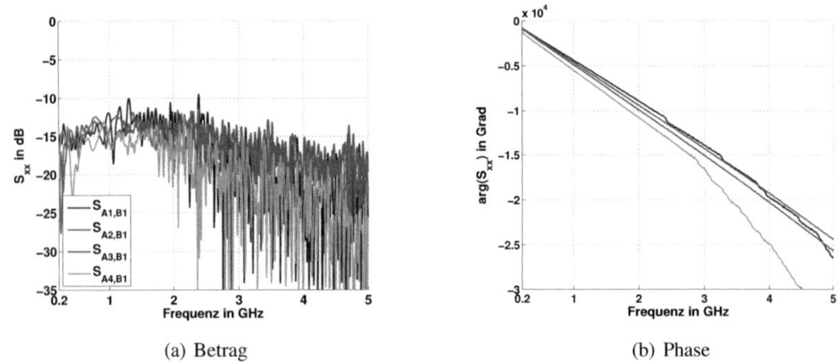

(a) Betrag

(b) Phase

Bild A.16.: Transmission von *Beam Port* 1 zu den *Array Ports* 1, 3, 5, 7

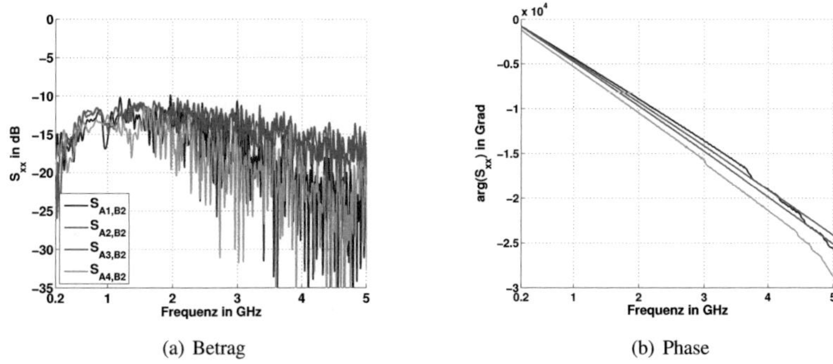

(a) Betrag

(b) Phase

Bild A.17.: Transmission von *Beam Port* 2 zu den *Array Ports* 1, 3, 5, 7

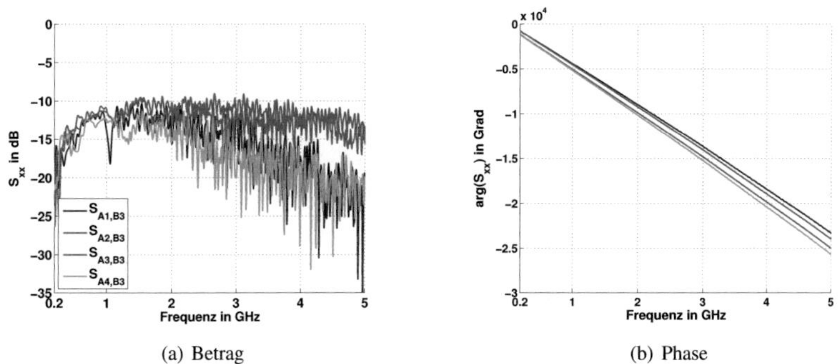

(a) Betrag

(b) Phase

Bild A.18.: Transmission von *Beam Port* 3 zu den *Array Ports* 1, 3, 5, 7

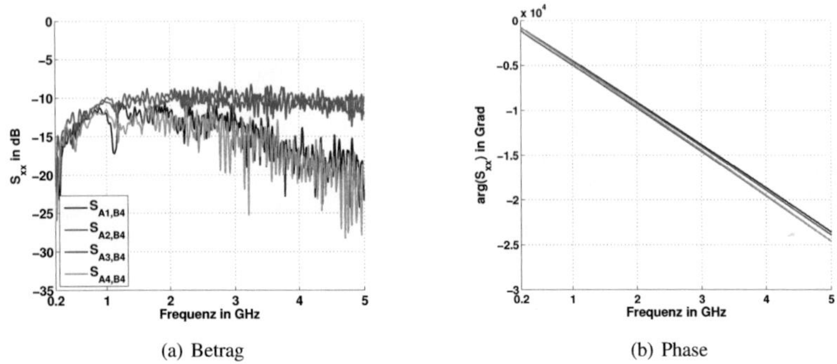

(a) Betrag   (b) Phase

Bild A.19.: Transmission von *Beam Port* 4 zu den *Array Ports* 1, 3, 5, 7

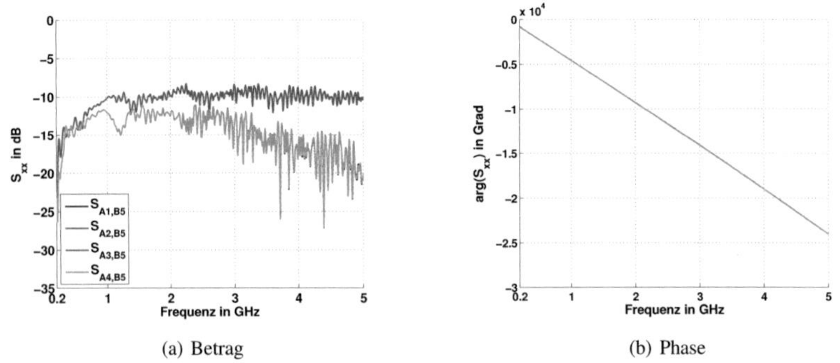

(a) Betrag   (b) Phase

Bild A.20.: Transmission von *Beam Port* 5 zu den *Array Ports* 1, 3, 5, 7

A.14. S-Parameter der HPEM Rotman-Linse (Messung)

Siehe Bilder A.21, A.22 und A.23.

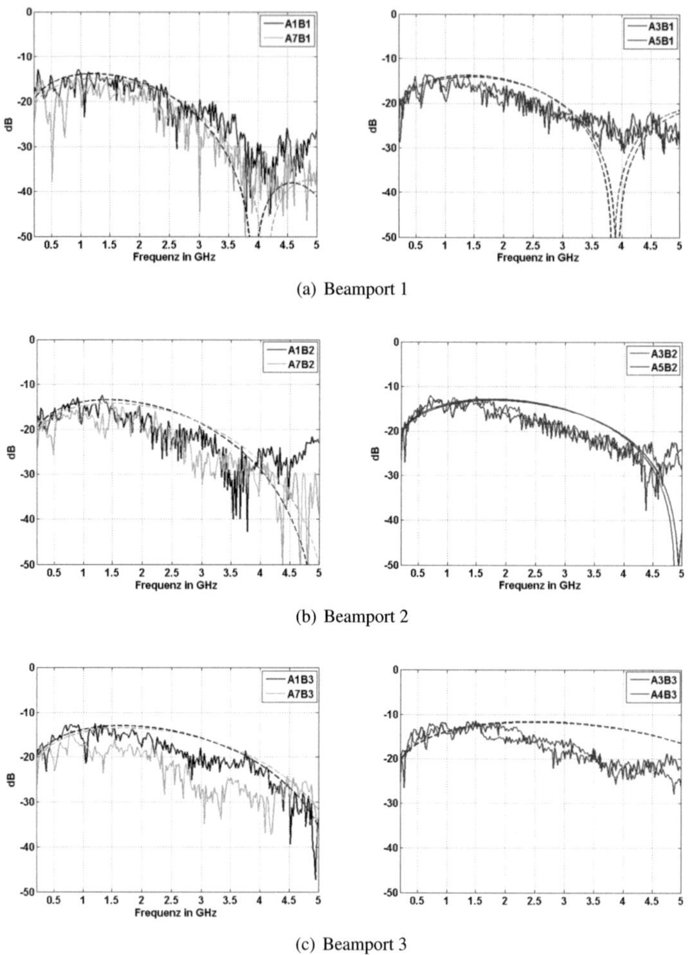

(a) Beamport 1

(b) Beamport 2

(c) Beamport 3

Bild A.21.: Frequenzbereichsmessung der HPEM-Linse. Die durchgezogenen Linien entsprechen dem Messergebnis, die gestrichelten dem Systemmodell

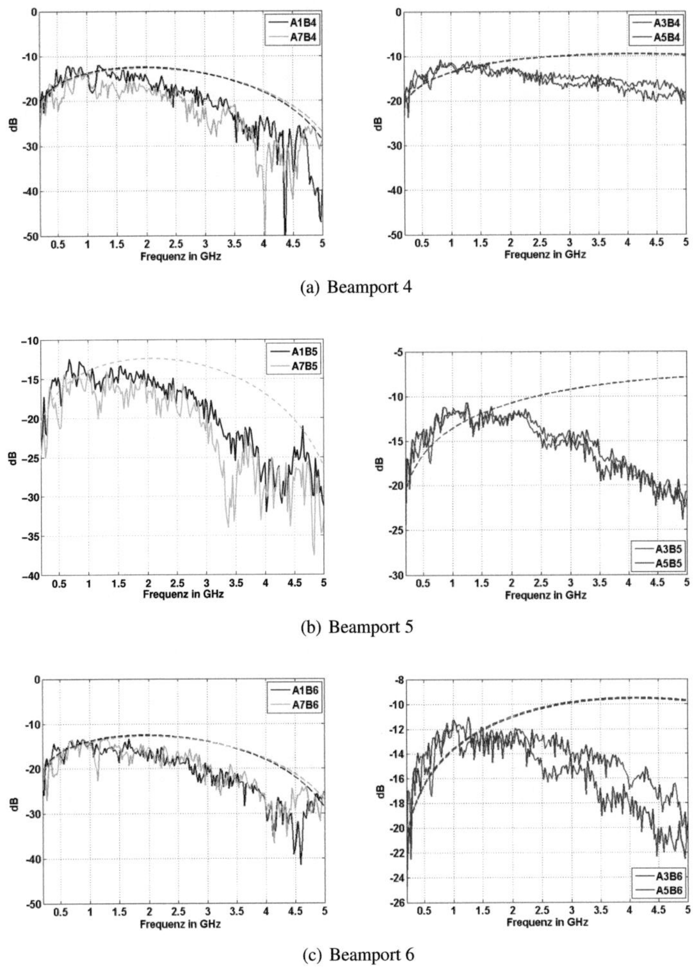

(a) Beamport 4

(b) Beamport 5

(c) Beamport 6

Bild A.22.: Frequenzbereichsmessung der HPEM-Linse. Die durchgezogenen Linien entsprechen dem Messergebnis, die gestrichelten dem Systemmodell

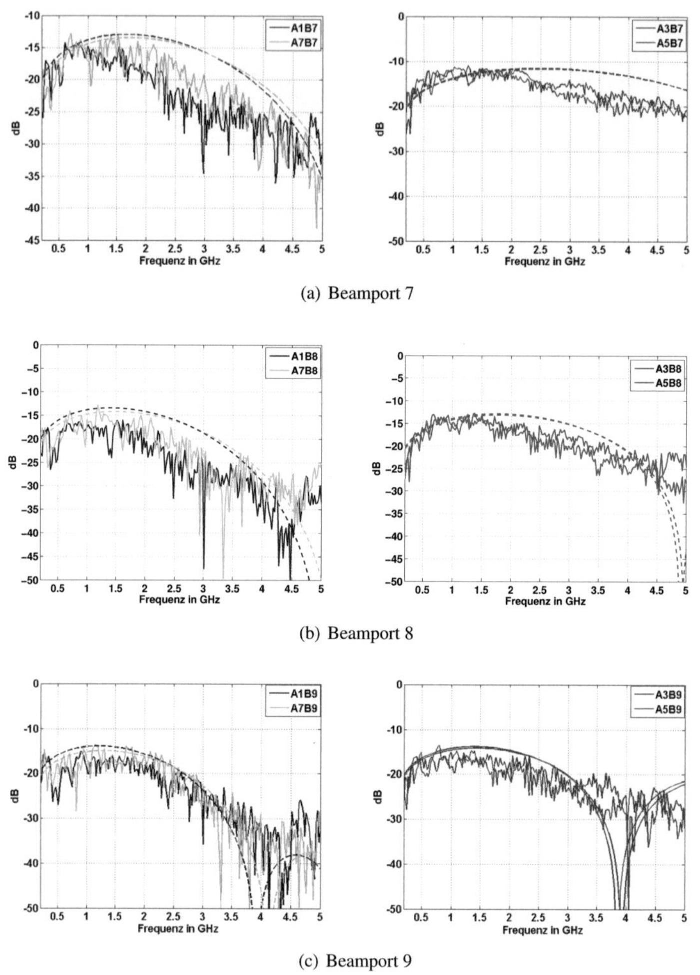

(a) Beamport 7

(b) Beamport 8

(c) Beamport 9

Bild A.23.: Frequenzbereichsmessung der HPEM-Linse. Die durchgezogenen Linien entsprechen dem Messergebnis, die gestrichelten dem Systemmodell

A.15. Zeitbereichmessung der HPEM Rotman-Linse

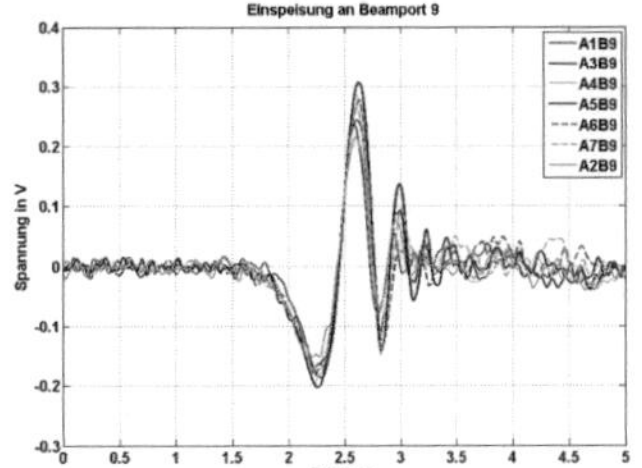
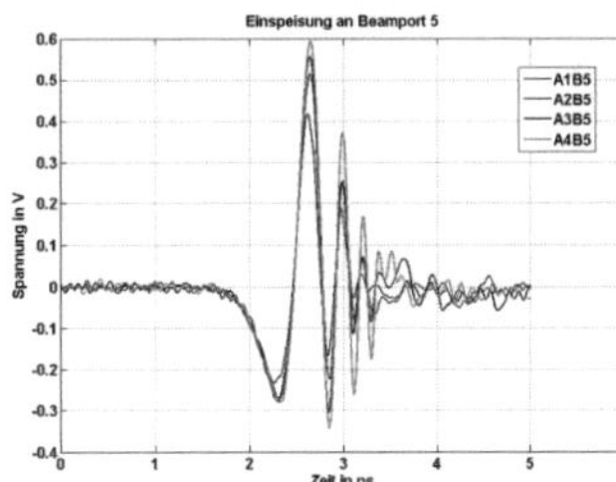

Bild A.24.: Zeitbereichsmessung der HPEM-Linse